"我爱我"心灵成长丛书
WO AI WO XINLING CHENGZHANG CONGSHU

总主编
郭 成

我爱我

我的情绪我做主

WO AI WO WO DE QINGXU WO ZUOZHU

主编：郭 成 钟 歆

参　编：（按姓氏笔画为序）
戎 懿　朱 琪　邬文宁　刘小洪
江 雪　杨 静　李 翔　李羽洁
何亚新　沈素莉　陈学莉　罗锦城
赵瑞阳　秦华平　郭佳妮

图书在版编目(CIP)数据

我的情绪我做主 / 郭成，钟歆主编. ——重庆:西
南师范大学出版社，2013.8(2018.3 重印)
("我爱我"心灵成长丛书)
ISBN 978-7-5621-6261-2

Ⅰ.①我… Ⅱ.①郭… ②钟… Ⅲ.①情绪—自我控
读物②情绪—自我控制—少年读物 Ⅳ.①B842.6-49
①B842.6－49

中国版本图书馆 CIP 数据核字(2013)第 123641 号

我爱我

我的情绪我做主

主编 郭成 钟歆

策　　划:刘春卉　杨景罡
责任编辑:李　玲
插图设计:张　昆
封面设计:大象视觉设计
版式设计:曾易成
出版发行:西南师范大学出版社
　　　　　地址:重庆市北碚区天生路 2 号
　　　　　邮编:400715　市场营销部电话:023-68868624
　　　　　http://www.xscbs.com
经　　销:新华书店
印　　刷:重庆紫石东南印务有限公司
开　　本:889mm×1194mm　1/32
印　　张:9.75
字　　数:263 千字
版　　次:2013 年 8 月第 1 版
印　　次:2018 年 3 月第 2 次印刷
书　　号:ISBN 978-7-5621-6261-2
定　　价:22.00 元

衷心感谢被收入本书的图文资料的原作者，由于条件限制，暂时无法和部分
作者取得联系。恳请这些作者与我们联系，以便付酬并奉送样书。

前　言

　　我是一个怎样的人？我有哪些特点？我快乐吗？我郁闷吗？遇到生活中的问题，我紧张、焦虑、不开心的时候到底该怎么办？……这些问题都与个人的心理健康有关。当今时代，心理健康已成为人们最关注的个人健康问题。每个人都希望能更清晰地认识自己、了解自我，每个人都希望自己健康快乐，每个人都希望自己有充分的信心和力量来应对生活，有一种生活的自信感、希望感和力量感。然而要维持这种积极、健康的心理，每个人自己的努力和行为十分重要，自我的力量是发展自己、维护自己的核心力量，尤其是面临众多成长和发展任务的青少年，树立积极自我维护的心态、掌握有效的自我维护技巧一直是专业领域强调的核心要素。为此，我们依据人们在日常生活中容易发生的突出心理问题和情绪困扰，从心理健康自我维护的视角，精选了当代心理学研究领域的相应成果，组织编写了这套"我爱我——心灵自我成长"丛书，以帮助人们解剖自己、认识自己，了解学习心理健康自我调控的方法和技巧，从而帮助人们培育积极心态，掌握有效应对心理困扰的方法和技巧，维护心理健康！

　　本套丛书一共有六本：《学习需要好品质》《学习困难自我突破》《我的情绪我做主》《好性格成就好人生》《生活是本有趣的书》《健康心理自我维护》，属 2010 年重庆市哲学社会科学科普项目研究成果（2010KP002）。丛书在编写过程中得到了重庆市社会科学联合界科学普及部、重庆市社会心理学会领导和专家的大力支持，得到了西南师范大学出版社领导和编辑的大力支持和帮助，在此向他们表示深深的感谢！同时，在编写过程中，我们参阅、借鉴、吸纳了国内外同行专家的研究成果，部分内容取材于网络，在此谨向原作者致以诚挚的谢意！

　　《我的情绪我做主》是本套丛书中关于青少年学习与生活中情绪问题的心理指导。有人将青少年的情绪体验形容为"过山车"，意在表明青少年常常有着丰富强烈、变化多端的情绪体验。心理学家埃里克森更是曾经将青春期描述为"狂风暴雨"，可见这一时期的种种情绪体验对于生理、心理都在成长之中的青少年的重要程度，以及其中伴随的危险。鉴于此，我们希望能靠这一本薄薄的书,向读者介绍一些必要的心理学知识,从而为广大青少年和家长朋友提供绵薄之力。

首先,情绪是什么,从哪儿来,又有什么作用?如若我们要认识情绪的强大力量,并学会调控和掌握它们的手段,就必须先对这些问题有一定了解。本书共分四编,其中第一编和第二编旨在回答这些基本问题。我们选取了若干生动有趣的心理学研究和理论,并介绍了一些读者可能感兴趣的小问题,如:表情的种类、特点和识别;情绪能不能让我们更聪明;男性和女性在情绪上的差异等等。我们由衷希望读者能在这两编的阅读中体验到好奇与快乐,并对情绪有一些基本的心理学认识。

在第三编和第四编,我们选取了一些具体的积极情绪和消极情绪进行探讨。其中,消极情绪包括:忧伤、愤怒、孤独、恐惧、焦虑、嫉妒;而积极情绪我们则选择了快乐、好奇、自豪、感激、宁静和爱六种。在生活中,我们每个人都不断体验着这些或积极或消极的情绪。如何培养、维持积极情绪,如何防止和控制消极情绪,可能是青少年读者与家长最为关心的问题。我们在每一节介绍一种具体情绪的表现、成因和调节方法,并配以既常见又典型的案例,以方便读者进行有针对性的阅读。

另外,本书各编各节都划分了"案例"、"问题探析"、"深入阅读"、"解决策略"和"自我反思"几个部分,还穿插着"想一想"、"做一做"、"测一测"等小板块。我们希望通过这种行文方式,让读者对种种情绪问题获得由浅入深的认识,并且为家长和青少年朋友提供一些简明且具有实际操作价值的建议指导。

本书由郭成、钟歆主编,负责全书结构体系建构及书稿的修改和统稿工作,最后由郭成审定。全书共四编二十节,各篇节执笔人分别是:第一编,朱琪、李翔;第二编一至四节,赵端阳、邹文宁;第二编第五节,戎懿;第三编第一节,戎懿;第三编第二节,钟歆;第三编第三、四节,沈素莉、陈学莉;第三编第五、六节,江雪、刘小洪;第四编第一、二节,李羽洁、何亚新;第四编第三、四节,郭佳妮、罗锦城;第四编第五、六节,秦华平、杨静。

科学普及是一项科学性和趣味性要求极高的重要活动。在丛书编写过程中,我们从内容选材到呈现形式、语言表述等方面充分考虑科学性、趣味性、生动性、可读性等要素,以增强丛书的吸引力。尽管如此,由于编者的学识与经验有限,书中疏漏及争议之处在所难免,恳请读者批评指正!

目 录 Content

1

第四篇 青春，"情"动的春天——我们的积极情绪

第一篇　打开情绪的盒子

我们对情绪都不陌生。

跟朋友一起做感兴趣的事，我们会感到快乐；考试成绩下降，我们会感到沮丧；与亲人朋友分别，我们感到悲伤……这些各种各样的情绪体验，是我们都体会过的。然而，关于情绪，想必还有些奥妙之处是你不曾知道的吧！

到底情绪是什么，又是如何产生的呢？不同时代的心理学家们对这个问题做过许多探讨，而他们给出的答案也在不断变化：有些人认为产生和表达情绪的能力天生镌刻在我们的基因中，也有人认为情绪来自我们对他人的学习和模仿，还有人说情绪产生于我们对外界事物的认识和评价。

动物也会产生情绪吗？它们的情绪跟人类有什么相同和不同之处？

我们知道，人类的心灵来自大脑，情绪也不例外。许多科学家致力于探索大脑如何运作以使我们产生各种各样的情绪的。他们通过一些研究发现，人脑结构中的杏仁核、前额叶皮层和下丘脑等区域与情绪的产生联系密切。

情绪的作用也是一个重要的问题。心理学家认为，情绪是我们为了生存和适应而进化出来的一种能力。情绪是人类生活中的一种重要"信号"，它既能帮助我们察觉和识别他人的需要、境遇，也能有效地唤起和调节我们自身的心理活动和行为！

第一节 我们是无可救药的情绪性动物

引言

人非草木，孰能无情？

翻开日历，总是从星期一到星期天不断循环着，真是平淡无奇的生活呀！可是仔细想想，我们又会发现生活中的"调味料"其实随处可见：当学习上取得进步或实现预先定下的目标时，我们会感到由衷的高兴；当自己喜欢的东西被他人遗失时，我们会感到些许气愤；当考试迫在眉睫而自己又漏洞百出时，我们会感到头疼焦虑；当假期终于到来去看了渴望已久的演唱会时，我们会感到无比兴奋……我们真是无药可救的情绪性动物！这里的高兴、气愤、焦虑、兴奋还只是生活"调味料"——情绪大家族中的冰山一角，隐藏在冰山下的情绪，更是丰富多彩，五花八门。情绪到底是什么？为什么它可以这样肆无忌惮地出现在我们生活中的方方面面，把我们变成无可救药的情绪性动物呢？面对心理学领域最令人困惑的问题之一，心理学家没有逃避和退缩，这才让我们见到了它的"庐山真面目"！

案例

孩子们，今天是你们最后一堂法语课了，希望你们多多用心学习。

"我"的最后一课

你还记得都德的短篇小说《最后一课》吗？它描写了普法战争以后的一所法国乡村小学向祖国语言告别的最后一堂法语课。都德用生动的语言描写了当"我"得知这是最后一堂法语课后的过程和心理活动：

"韩麦尔先生已经坐上椅子，像刚才对我说话那样，又柔和又严肃地对我们说：'我的孩子们，这是我最后一次给你们上课了。柏林已经来了命令，阿尔萨斯和洛林的学校只许教德语了。新老师明天就到。今天是你们最后一堂法语课，我希望你们多多用心学习。'

我听了这几句话，心里万分难过。啊，那些坏家伙，他们贴在镇公所布告牌上的，原来就是这么一回事！

我的最后一堂法语课！

我几乎还不会作文呢！我再也不能学法语了！难道这样就算了

吗？我从前没好好学习,旷了课去找鸟窝,到萨尔河上去溜冰……想起这些,我多么懊悔!我这些课本,语法啦,历史啦,刚才我还觉得那么讨厌,带着又那么重,现在都好像是我的老朋友,舍不得跟它们分手了。还有韩麦尔先生也一样。他就要离开了,我再也不能看见他了!想起这些,我忘了他给我的惩罚,忘了我挨的戒尺。"

◎想一想◎

文中描写了"我"的哪些情绪?你在什么时候因为什么事情也体会过这样的情绪呢?

问题探析

案例中提到的难过、懊恼、不舍、讨厌都是活生生的情绪。在"我"的最后一堂法语课上,它们同时出现了。情绪到底是什么呢?为什么它像一扇窗一样,把我们的内心表达得如此淋漓尽致?

深入阅读

(一)情绪的真面目

心理学家们给情绪下了这样的定义:情绪是人对客观事物的态度体验及相应的行为反应。上面案例中,主人公"我"产生难过的情绪是对不能再学习法语这件事情的态度体验;产生懊恼的情绪是对自己以前不珍惜课堂,不珍惜学习机会这种行为的态度体验;产生舍不得的情绪是对韩麦尔先生即将离开这个事实的态度体验。这些不同的态度体验就是不同的情绪,而情绪的另一表现——相关行为反应,我们也深有体会,如悲伤时的哭泣,甚至捶胸顿足;害怕时的惊叫,甚至全身发抖……

初步认识了情绪的真面目后,我们来探索一下情绪的内在结构:情绪的组成部分。

心理学家们研究发现,情绪是由独特的主观体验、外部表现和生理唤醒三种成分组成的。

• 主观体验就是一种自我感受,如天气晴朗感到开心、成绩下降感到难过,当然每个人的主观体验可能是不一样的。

• 外部表现则是身体各部分的动作量化形式,包括面部上的、姿态上的和语调上的,是比较容易捕捉到的成分,如高兴时的大笑、手舞足蹈、音调上扬。

• 生理唤醒是情绪产生时的一种生理反应。有时候我们不会注意到它的踪迹。当你在恐惧和暴怒的时候,有没有感觉自己的心跳突然加快了,血压也在升高,甚至连呼吸都变得急促了? 这些就是情绪对身体的一种唤醒。

有趣的是,我们的肠胃也会有"闹情绪"的时候,你发现了吗?

当我们心情不好的时候,一桌丰盛的食物摆在面前我们也会毫无胃口,难以下咽;而开心的时候,一盒便当、一碗泡面我们都会觉得有滋有味,无法抗拒。

为什么情绪不好就没胃口不想吃东西,情绪好了就胃口大开呢?

医学专家们通过研究发现,我们的肠胃每一分钟都在受着情绪的影响,真是太神奇了! 不管我们的情绪是激动、愤怒、焦虑还是害怕,此时我们的胃正在马不停蹄地工作:胃液的分泌速度变快了,胃部的肌肉也会出现痉挛,胃酸的含量会有所增加,进而腐蚀胃壁,容易产生胃溃疡;而在我们感到失望和难过时,胃的运动速度便开始减慢,胃液酸度降低,产生一种饱胀感,当然不会再想吃任何东西了。这些都是情绪对身体机能唤醒或改变的例子,由此我们也可以体会到,少一些不好的情绪,多一些健康的情绪,对我们的身体是很有好处的!

(二)无处不在的情绪

情绪是一个每时每刻都隐藏在我们身边的家伙,它可以瞬间跑出来,也可以瞬间溜走,不管我们做好一件事儿或是搞砸一件事儿,它都可以参与其中,却又让你觉得踪迹难寻。

现在让我们来看看刚上初三的小 A 一天的生活,揪出他这一天中所出现的情绪的尾巴。

7:00 闹钟总是尽职尽责地准时响起来,小 A 又该起床上学了,于是他不情愿地睁开眼睛,心里小小抱怨几声,感到些许烦躁。但是转念一想,今天会吃到期待已久的早餐,开始学习新的知识,说不定还能认识新的朋友,又会觉得新的一天其实也挺美好,于是心里顿时感觉棒极了。

10:00 小 A 学习了大半个上午,开始感觉有一点疲倦了。好吧,稍事休息一下,他到教室外的走廊上看看风景,正好遇到隔壁班的好友,闲聊几句,觉得无比轻松。他们还约好周末一起去看望以前的小学老师,向老师汇报自己最近的学习生活,又觉得有一些紧张。

12:50 美美的午餐过后,终于可以再次和棉被亲密接触了,小 A 恨不得立即跳上床,一秒都不愿耽误。就在这时他突然想到老师昨天布置的作业中有几道题目还没有完成,眼看下午就要交作业了,只能中午加班加点把它们做完,午觉瞬间泡汤,小 A 懊恼自己怎么上午不把它做完呀,害得自己居然错过了和周公的约会。(写作业中……)终于完成了作业,没想到今天的效率出奇的高,小 A 自己都觉得意外,还有一些时间,顺便可以先到书店去买看中已久的课外书,心情顿时晴朗起来。

16:00 小 A 开始上最喜欢的数学课,此时老师给出一道高难度的题目,全班立刻陷入一片茫然之中,关键时刻思维敏捷的小 A 灵光一闪,居然找到了解这道题目的简便方法,觉得兴奋极了。在给老师和同学呈现了自己的解法后,全班恍然大悟,小 A 还获得了老师的赞扬和认同,觉得很自豪。

18:00 小 A 终于放学了,明天是周末,他和同学决定今晚去打一场篮球好好放松一下。想着自己这一周充实的学习生活,小 A 觉得很满足。回家的路上,篮球队的队友给小 A 讲了一个鬼故事,把小 A 吓坏了,他倒吸一口冷气,心里充满了恐惧感。

22:00 小Ａ舒舒服服地吃了饭洗了澡还看了会儿电视,准备睡个早觉,突然接到电话说奶奶生病正在医院输液,他觉得很难过,又急急忙忙和妈妈去医院看望奶奶。来到医院后得知奶奶的情况不是想象中那么严重,也就松了一口气。小Ａ陪在奶奶身边,还讲笑话给奶奶听,把奶奶逗乐了。

◎找一找◎

小Ａ的一天发生了很多事情,他表现出哪些情绪呢?

_____

_____

看完小Ａ一天经历的各种事件之后,有没有觉得自己的一天和他其实有很多相似的地方,包括他所感受到的烦躁、兴奋、懊恼、轻松……没错,这些都是实实在在的情绪,几乎出现在我们每天发生的每一件事中。揪出了情绪的尾巴,我们会突然感慨,原来情绪和我们这么近,这么亲密呀!

纵向分析完了,我们再来看看横向的方面。现在请你设想有一天,你突然中了五百万的大奖,心里会有些什么滋味呢?

想法一:哇,太开心了,哈哈哈哈哈! 居然还有天上掉馅饼这种事儿,居然还掉下来砸在了我的头上! 我终于可以买所有想买的东西了,还要去南极看企鹅,去外太空冒险,太好了! 太好了!

想法二:什么,太过分了吧,要缴纳一百万的个人所得税! 这么多,没天理呀,那我只剩下四百万了? 呜呜呜,不开心了。

想法三:(领奖回家的路上)奇怪,怎么身边每个人看起来都那么可疑呢? 会不会有蒙面大盗把我的钱抢走呀? 早知道就请几个保镖来贴身保护我嘛。

想法四:对了,突然想到去年小王找我借了两万块钱,到了还款的日子了,怎么还不见动静? 该不该提醒他一下呀? 会不会被人说成有了钱还这么小气吝啬呢? 唉……真难办!

你看,在中了大奖这同一件事情上,快乐、难过、恐惧、焦虑等情绪都同时登台亮相了,真是热闹非凡。这么多丰富饱满的情绪居然可以同时出现在一件事上,看来情绪这个家伙真是无处不在,无缝不钻呀!

值得一提的是国外有许多科学研究表明,人们发表情绪性判断(如棒极了、糟透了、真烦人等)的时候比他们对事物进行客观性描述(如便宜/昂贵、节能/耗能、高/矮等)的时候竟多了一倍,尽管在不同文化的各种语言里,情绪性词汇的总量只有不到客观性描绘词汇总量的一半。这样显著的差异同时也表明我们真是情绪性动物,因为我们早已习惯用情绪表达自己,也受着情绪的影响,所以情绪才会肆无忌惮地出现在我们生活中的每一个角落。

(三)探索情绪的神秘之源

1.起源:寻找情绪的来源

情绪这么常见却又这么神秘,那它到底从何而来呢?这个关系到情绪是如何产生的问题,也是心理学家们十分感兴趣的问题之一。

纵观心理学的发展历史,就像在看一部时光流逝的老电影。不同的年代、不同的心理学流派对于心理现象的理解也不相同,也导致了人们对情绪之源有不同的见解。

见解一:情绪来自遗传

和"哭"这个动作一样,有的人一定会认为情绪是天生遗传得来的,像刻在基因上的印记一样,生来就嵌入了我们的骨子里,我们很自然地会感到开心愉悦,感到伤心难过,感到气愤苦恼。是的,在情绪研究的早期领域,这的确是一种很具有代表性的观点。于是我们不得不提一个人:达尔文。很多人都记住了他在物种进化领域的突出贡献,殊不知对于情绪的研究,达尔文也是先驱人物。他认为情绪是通过遗传获得的,准确地说,情绪是我们在进化过程中所产生的适应行为方式,经历了遗传变异和淘汰选择,在结构和功能上留下的痕迹。而表情动作,更是由那些随意的动作逐渐演化成习惯性的、遗传的动作。

达尔文还为他自己的观点找到了一些实质性的证据。他通过对婴儿的观察，发现婴儿出生后立即就会有情绪表现，比如有的安安静静，显得很文静；有的哭闹不止，显得很活泼。还有的心理研究者发现，天生的盲婴与正常婴儿都具有同样的面部表情，说明情绪是不需要学习的，是我们与生俱来的"特殊本领"。

奇妙的心理实验室

动物界的情绪遗传

科学家除了对人类情绪的起源存在遗传这种看法，对于动物的也是，并且进行了有趣的实验研究。一位名叫汤普森（W.R.Thompson）的科学家思考到：母鼠在怀孕期间如果长期感到不安，这种不安的情绪会不会遗传给它的孩子们呢？幼鼠天生就带有不安和胆小会给它们带来什么影响呢？

为了找到答案，他巧妙地设计了实验，让母鼠在怀孕期间产生了随时都有可能被电击的焦虑和不安情绪。当母鼠在产生不安情绪的同时，会不会产生分泌物通过血液传给幼鼠，产生"情绪化"的后代呢？

汤普森选了 30 只饱受焦虑和不安的母鼠产下的小鼠，在它们出生后 30～40 天与 130～140 天内分别进行测试，而且以同等数量的由健康母鼠产下的正常幼鼠作为对照，观察情绪究竟会不会遗传。实验分为 A 与 B 两种。

在 A 实验中将所有幼鼠放在一块大的空地上，每天放置一次，每次 10 分钟，连续放 3 天，同时记录下它们的活动情况。研究者之所以这样做，是因为他们假定，越是胆小或是"情绪性"的动物，在一块空地上的活动越少。

实验 B 是这样安排的：把所有幼鼠放在笼子里，它们走出笼子之后有一条巷道,巷道的末端有食物可以吃。实验者设想:幼鼠饿了必然要跑出来寻找食物,"情绪性"的幼鼠因为胆小,从笼子里出来寻找食物的时间要长些。为了做好该实验,在实验之前的 24 小时内不给幼鼠吃东西。

实验结果表明,在 A 实验中,"情绪化"幼鼠的活动量,即它们在空地上自由移动的距离,只相当于正常幼鼠的 64%;在 B 实验中,"情绪化"幼鼠离开住的笼子的时间是正常幼鼠的 2.9 倍。而且上述两种实验结果反映出的差异一直延续到幼鼠成年。

最后,汤普森很谨慎地得出这样一个结论:有某些根据支持这样一种看法,出生前母亲的焦虑不安,的确在实际上提高了后代的"情绪性"。看来,幼鼠的胆小和"情绪化"的品质果然离不开鼠妈妈的"贡献",情绪果真是会遗传的呢!

见解二:情绪来自后天的学习

后来,人们对自己的行为越来越看重,认为抛开遗传,我们的行为其实可以改变一切,行为主义的心理学思潮形成了,对于情绪起源的看法也变得多元化了。行为主义心理学的代表人物华生根据对医院婴儿室内的 500 多名初生婴儿的观察提出,除了婴儿的爱、怒、怕三种天生的、无需学习的原始情绪之外,其他的大多数情绪反应都是儿童通过后天学习获得的。比如自豪,当我们身上具有他人不具有的品质时,我们会渐渐形成自豪的感觉,这可是一个由不会到会的学习过程呢。

见解三:情绪来自我们对世界的认识

紧接着,人们又提出更鲜明的观点:当我们在感受世界和认识世界的时候,我们就产生了情绪。美国心理学家沙赫特和辛格认为:情绪是由认识产生的,并运用实验证实了他们的观点。

他们找来一些大学生进行实验。首先将所有大学生随机分为两组,给他们都注射一种物质——肾上腺素。肾上腺素能够使人产生情绪反应,但却告诉他们注射的是维生素,只是想研究维生素对视力的影响,不让他们知道实验的真正目的。然后把一组学生带到能引起快乐反应的情境中,而把另一组学生带到能引起愤怒反应的情境中。结果发现,那些处于快乐情境的大学生认为自己的情绪是快乐的,而处于愤怒情境中的大学生则认为其情绪是愤怒的。由于两组学生注射了相同的肾上腺素,本应该在生理上产生相似的反应,但实际两组学生的情绪感受明显不同,由此可见不同的认识才是带来不同情绪的关键,而不是单纯的生理因素引起的情绪。

见解四:情绪来自我们对事物的评价

另外,还有情绪源自于我们对客观事物的评价的说法。你知道姜昆的相声《虎口遐想》吗?星期天,有一个工人到动物园看老虎,结果不小心掉入了虎池。面对近在眼前的凶猛老虎,以前那种在远处观赏时产生的悠闲和愉快瞬间消失了,更不会有拨开人群仔细观看的渴望,在特殊的条件下,观赏的兴致没有了,留下的是深深的恐惧和想要马上逃离的心情。为什么会出现这样截然不同的变化呢?这就是因为人对老虎的认识和评价发生了变化。跌入虎池后,老虎不再是供人观赏的动物了,而变成了会吃人的野兽,是具有极大危险性的,这种对老虎评价的改变,也就产生了前后各异的情绪。所以说,情绪源自于人对客观事物的评价。

2.情绪的发展

(1)人的情绪和动物情绪有区别吗?

很多时候,我们把动物看成是人类的友好伙伴,虽然它们没有语言,但它们却有自己情绪,并能将情绪通过独特的方式表达出来。

大象是一种典型的群居动物,以家族为单位生活在一起。一次,大象家族的成员们都聚集在产后不幸死亡的幼仔身边,它们反复用长长的鼻子去触碰已经死去的幼仔,企图将幼仔唤醒,显得很难过。后来的几天里,大象们把耳朵垂下来,站在死去的幼仔旁边,像是在守护着不幸夭折的生命。不仅是在面临这种"生离死别"的时候大象会表现出这种鲜明的情绪,就算平时象群中有成员生病了或者是被猎人伤害了，其他同伴也会上前抚摸表示安慰，并且陪伴照料直到它康复或是死去。

看完大象的故事，你一定会觉得动物之间也是很有爱的，它们用自己的方式表达快乐、难过等。比如黑猩猩在嬉戏打闹时还会发出类似人类的欢笑声；小狗在看到自己同伴受伤时也会耷拉着脑袋或是冲上前去保护同伴。

另外，你知道吗，大猩猩可是会发脾气的呢。据说如果将野生的大猩猩长期关在狭小的笼子里，大猩猩可就"不依"了，它会产生一种欲望压力，表现出生病或对游客和饲养员发脾气的行为。动物园经常有大猩猩朝游客扔东西的现象出现，这正是它们在发泄自己的愤怒和不满呢！所以为了改变大猩猩发脾气的方式，有的动物园还把电视机放进它们的笼子里，借此来消除它们的压力和内心的愤怒。

但对于动物的情绪，在很多人看来，动物只具有最基本简单的原始情绪，这些情绪多源自简单的生理需要（如饥饿、口渴），并不是很稳定，还与特定的情境有关。而相对于人的一些"高级情绪"，动物身上是不具有的。因为这些"高级情绪"尤其是情感，多与人的社会性需求（如追求高尚的品德，实现自我的价值等）相联系，是随着人的心智的成熟和社会认知的发展而产生出来的，具有深刻性和稳定性，同时显得更为内敛，不易流露出来。比如我们的社会荣誉感、道德感和对美的鉴别能力——美感。

（2）积极情绪与消极情绪孰先孰后？

心理学家在研究人类情绪的起源时无意发现一个小秘密，积极情绪和消极情绪并不是同时产生的，它们竟有先后之分。消极情绪的发展走在积极情绪之前呢！

让时光慢慢地倒流，想象这样一种画面：我们的祖先外出打猎时，首先看到了肥硕的山羊和兔子，他们很高兴，甚至手舞足蹈地告诉同伴。这种情绪驱使他们主动靠近猎物并捕获它们。后来，祖先们看到了凶猛的老虎和狮子，根据以往经验，要战胜老虎和狮子是很不容易的，此时他们感到害怕和恐惧，希望马上逃离或者找到安全的地方躲避。这种情绪驱使他们远离凶猛的动物,保护自己的生命。

我们将积极情绪和消极情绪进行比较可以发现,在漫长的人类进化过程中,消极情绪因为具有使人类生存下去的意义而获得了优先进化,但是在人类获得生存能力以后,必然会为了活得更好而发展出很多积极情绪。这也是为什么说消极情绪的发展走在积极情绪之前的道理,只有生存下来,我们才能生活得更好。

同样道理的还有游泳,当我们在享受游泳这项运动时,我们是愉悦轻松的,我们会在意自己的泳姿是不是优美。但一旦有紧急情况,比如遇到了会袭击我们的动物,我们的第一反应一定是赶快逃生,避免不必要的伤害,这时候我们追求的就是游泳的速度了。

自我反思

认识了什么是情绪之后,我们来做一件有趣的事。下面给出了很多表示情绪的词语,请你试着用彩笔给这些词汇及其圆圈涂上颜色并想一想:你为什么要用这种颜色代表这种情绪呢?

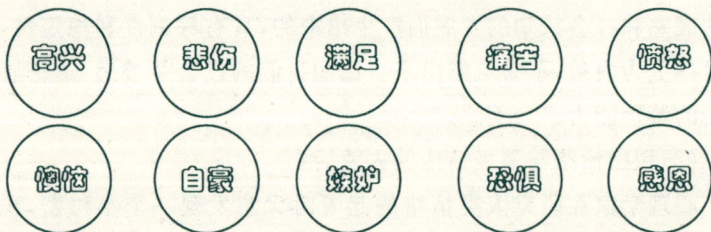

高兴　悲伤　满足　痛苦　愤怒

懊恼　自豪　嫉妒　恐惧　感恩

第二节　情绪，你是怎么发生的？

 引言

我们是因为哭泣而伤心，还是因为伤心才哭泣？

　　说起来，你一定会觉得情绪是一个虚无的东西，可是仔细想想，它还真的看得见摸得着呢！　我们可以通过他人的表情来体会他们的情绪，也可以通过触摸他人的心跳来大概感受他们的情绪。所以情绪其实并不难寻，可是它的来历还是使我们困惑。　那么我们先听听心理学家对于情绪都说了什么，再来看看情绪的"诞生地"吧！

 案例

"假怒"的猫

你看过猫发脾气吗？在你的印象中什么能把它们激怒呢？科学家曾有一个有趣的发现：一只猫的脑部由于受伤不得不切除一部分，可是手术之后的猫却好像"性情大变"了，它经常处于一种兴奋亢进的状态，张牙舞爪，像是正常猫在搏斗一样。这只猫在手术前原本是很温顺、不易被激怒的，可是手术后只要很小的刺激就可以使它进入强烈的愤怒状态，而把这种刺激给予其他正常的动物，是很难发生愤怒反应的，这就是"假怒"。这只猫"假怒"之后并不会像以前正常愤怒时发起攻击，但却出现了包括脊背上拱、体毛竖起、张牙舞爪、甩尾扩瞳、怒叫出汗、血压升高和心跳加速等等反应，这是为什么呢？难道是切除部分脑区给它带来了这些愤怒？

◎想一想◎

这些假怒情绪是从何而来的呢？假怒和真怒有什么区别呢？

问题探析

情绪和大脑的关系的确是相当密切的，假怒是名叫"下丘脑"的脑部区域脱离大脑皮质等上位脑结构控制而单独引起的一种类似于发怒的身体和行为上的反应，动物脑内的神经联络由于手术被切断了，才夸大地表现出类似于"怒"的整套反应。假怒与真怒存在三方面的不同：其一，假怒缺乏引起真怒的基础；其二，假怒对刺激极为敏感，任何微小刺激均可引起反应，刺激撤除后反应就会消失；其三，假怒没有方向性，有时甚至可以针对自己。

到底情绪是怎么来的？除了下丘脑，还有其他的脑区和它有关吗？

深入阅读

(一)心理学家说了什么?

心理学家总是竭尽全力把一个问题阐述得无比清晰,于是那些零零碎碎的观点和想法就悄悄地汇聚在一起,形成了具有特色的理论。这些理论是心理学家研究的结晶,更是我们认识世界、发现世界路上的闪闪明灯。关于情绪,当然也有很多理论,这里简单介绍几种吧。

1. 詹姆斯—兰格情绪理论

美国心理学家威廉·詹姆斯和丹麦生理学家卡尔·兰格分别在1884年和1885年提出相同的情绪理论,所以后来人们把它称为詹姆斯—兰格情绪外周说。詹姆斯认为,使人激动的外部事件所引起的身体变化才是情绪产生的直接原因,情绪就是我们感受到身体变化后作出的反应。

为了更好地解释和证实他的观点,詹姆斯曾这样说:"常识告诉我们,我们失去财产,觉得难过而哭泣;我们碰上一只熊,觉得害怕而逃跑;我们受到一个敌手的侮辱,觉得发怒而打起来。这里我们要为之辩护的假设是:这样的序列是不正确的,这一心理状态不是直接由另一状态引起的,在两者之间生理表现必须首先介入。更合理的说法是:我们觉得难过是因为我们哭泣;发怒是因为我们打人;害怕是因为我们发抖。而并不是因为我们难过、发怒或害怕,所以才哭、打人或发抖。没有伴随知觉的心理状态,则知觉便纯粹是认识性的,是苍白无色彩的,缺少情绪温度的。"

在许多年里,詹姆斯—兰格情绪理论一直被人们广为接受。到20世纪20年代,新的生理测量方法终于问世,研究者得以更客观地测量詹姆斯仅凭主观臆想所得出的身体变化,这种测量方法旨在观察血压、脉搏、出汗等具体变化是如何与受试者所体验到的情绪发生相关关系的。

奇妙的心理实验室

这才是真正的恐惧和害怕呢！

作为早期的情绪理论，一些具有代表性的实验证明了詹姆斯—兰格情绪理论的正确性。

20世纪初，一位名叫布拉茨的心理学家做了一项在今天看来既令人不可思议，又非常不道德的实验：布拉茨告诉志愿者说，他们要参加的一项实验，目的很简单，就是研究一下人们在15分钟内的心率变化。

每个志愿者都被蒙上双眼，并被绑在一把椅子上，用电线接上可监测脉搏、呼吸和皮肤感应电系数的仪器，而后让他们独自一个人待上15分钟。在此期间，什么事情都没有发生。第二次、第三次仍然这样。在这期间，一些志愿者甚至睡着了。但在第四次的某个时候，布拉茨按动一个开关，使椅子突然向后倒下，直到倾斜60°时才被专门安放在椅子后面的机关给挡住。结果志愿者均表现出突然的快速和不规则的心跳，甚至出现陡然的呼吸停止和急喘，同时皮肤释放出感应电流。所有人在报告中均称，他们体验到了什么叫恐怖和害怕。

这个实验验证了詹姆斯—兰格情绪理论：某项事实激发出身体变化，进而产生某种情绪。比如，我们突然遭遇猛兽会发抖，并由于发抖而感到害怕。也就是说，情绪反应发生在生理变化之后。

另一个著名的实验发生于20世纪20年代。心理学家卡尼·兰迪斯为了研究人们在严重的情绪混乱时的生理现象，竟然成功地劝说3位志愿者连续48小时不吃任何东西，并在最后连续36小时不睡觉。他们被连接在监测血压和胸部扩张的仪器上，并吞进一只与小橡胶管连在一起的小气球以测量胃的收缩量。兰迪斯还将一个类似的装置插进志愿者的直肠里，然后对着一个可测量二氧化碳输出的仪器吹气或吸气，以确定代谢指标——在此期间，还要对他们进行一次电击，电击的强度以他们的忍受度为准，忍受极限是做出手势。

结果，电击使志愿者出现暂时性休克，血压上冲，脉搏加快，情绪紊乱，并使直肠停止收缩（胃收缩的数据前后不一致）。然而，虽然志愿者为科学而献身的精神值得敬佩，但这次实验却没有得出明确的结果。尽管3位志愿者均说他们感觉到愤怒，但对相关的或可能引起这些变化的具体生理变化则没有或很少给予注意。兰迪斯所能发现的唯一生理反应是惊讶，而这是主观状态所经常拥有的反应。眼睛的眨动、复杂的面部—身体反应均发生于情绪意识之前，因此也符合詹姆斯—兰格的情绪理论。

2. 坎农—巴德的情绪理论

杰出的生理学家沃尔特·坎农却认为詹姆斯—兰格情绪理论是完全错误的并予以反驳，不得不承认，反驳的观点很是令人信服。

首先，显而易见的是我们在产生情绪的时候，情绪如一股热流砰然爆发，甚至在我们还没有意识到的时候就布满全身了，比内脏变化（如心跳加快）的速度可是快多了。所以情绪原本就是应该发生在身体变化之前的。

其次，不同的情绪产生时，很多内脏反应其实是很相似的，所以怎么能说情绪是我们感受到身体变化后产生的呢？想想在你高兴的时候，是不是心跳加快了？而在你紧张的时候呢，心跳有没有加快？显然也是有的。如果单凭心脏加快跳动来规定出现某种情绪，那么"高兴"和"紧张"两个家伙一定会打架的，情绪就变得一团乱了。

最后，坎农发挥了他所在领域的优势，做了这样一个实验：通过外科手术将动物的内脏与产生情绪的部位之间的联系切断，使所有与来自心脏、肺、胃、大肠或詹姆斯视之为情绪来源的其他内脏信息均与大脑中断联系。结果这些令人极度不安的手术对动物的情绪反应并没有产生任何影响：在狗身上，它受到挑衅时所表现出来的愤怒、敌视、厌恶及害怕程度跟以前没有差别；在切除了交感神经的猫身上，当遇到一只汪汪叫的狗时，所有正常的愤怒情绪都表露无遗，如尖声吼叫、耳朵直竖、龇牙咧嘴、举爪前扑等。这些都说明情绪并不是内脏变化产生的。

在这些反驳之声上，坎农和巴德在同一时期提出了完全不同于詹姆斯、兰格的情绪理论。他们认为身体变化和情绪体验是同时产生的，不分先后。当激发情绪的刺激在一个叫做丘脑的大脑组织中得到加工后，同时把信息输送到大脑和身体的其他部分。被输送到大脑的信息则会令人产生情绪体验；而被输送到内脏和骨骼肌的信息则使身体发生变化。比如我们在面临重要的比赛或是考试之前，焦虑和紧张的情绪体验会伴随着出汗、坐立不安的身体变化。

3. 情绪的认知评价理论

美国心理学家沙赫特将自己的观点总结后提出了情绪的认知评价理论。他认为情绪体验既能改变身体的当前状态，也反映了对客观事物、事件的评价，两者同等重要。

怎么看待这种认知评价呢？唐代诗人李约在《观祈雨》中这样写到：桑条无叶土生烟，箫管迎龙水庙前。朱门几处看歌舞，犹恐春阴咽管弦。这首诗的意思是：在旱情严重时，桑树枝不生叶，土地变得干燥，腾起的尘土像烟雾一样，人们吹奏着乐器到龙王庙前乞求天降甘霖。但是，富贵人家却截然不同，他们整天听歌看舞，还怕春天的阴雨使管弦乐器受潮而发不出悦耳的声音。诗歌反映了在对待雨这一样事物上两个阶级不同的情绪。前两句描述了老百姓因为干旱而到龙王庙求雨的场景，带着一种"喜"雨的心情；后两句描写了几处富贵人家担心下雨会使丝竹受潮，影响音质，带有一种"怒"的心情。正是因为对雨的认识和评价不相同，才使他们产生了不同情绪。

（二）大脑呀大脑，情绪是在你那儿产生的吗？

如果科学家告诉你，用电极刺激你的大脑某一部位就能使你产生快乐或者痛苦的情绪，你相信吗？

　　三十多年前,美国一位著名的心理学家——詹姆斯·奥尔兹在用微电极技术来研究老鼠的大脑功能时,发现了在大脑中居然存在专门分管"快乐"和"痛苦"的部分,这真是一个鼓舞人心的发现。微电极是一种极小极小的电极,可以插入脑的各个部位,而不影响动物的健康和各种功能。科学家在研究中通常会利用微电极向所插入的部位施加少量的电流刺激来观察动物有何反应,进而明确大脑的功能。要知道,大脑永远是一个迷人而又深奥的地方。奥尔兹在研究过程中偶然发现,如果在某个地点对老鼠的大脑中一个叫做"下丘脑"的地方进行电流刺激,那么这只老鼠以后老爱往这个地方跑,像着了魔一样,这引起了奥尔兹和他的同事们的兴趣。

　　于是,他们精心设计了一个实验,做了一个控制电流刺激的开关装置——横杆。横杆可以由老鼠自己掌控。只要老鼠一按这根横杆,埋藏在下丘脑附近的微电极就会产生电流刺激,持续时间为 0.5 秒。实验开始了,奥尔兹等人看到一个令人惊奇的情景:老鼠一旦学会按压横杆来获得刺激以后,就会以近乎疯狂的热情来刺激自己。每只老鼠都以极高的频率按压横杆,平均频率为 2 000 次/小时,有的竟高达 5 000 次/小时,而且要连续按压 15～20 小时,直至筋疲力尽,呼呼睡去。但一醒来,就又去按压横杆,整天茶饭不思地围着横杆,显得很反常。奥尔兹等人为了进一步搞清老鼠对这种刺激的迷恋程度,特意在老鼠和横杆之间摆上一个通有很强电流的架子。但老鼠竟不顾触电的痛苦,拼命穿过架子,扑向那根能给它们刺激的横杆。

　　是什么使老鼠们这样不顾一切呢?奥尔兹通过进一步的实验还发现,把微电极插入老鼠脑部的另一个部位——边缘系统,也能看到老鼠拼命按压横杆的情景。所以,许多心理学家认为,在下丘脑和边缘系统内一定存在着"快乐"中枢。老鼠之所以一个劲儿按压横杆,就是因为刺激这个快乐中枢后,它可以体验到欢快的情绪,所以也就乐此不疲,甚至不顾痛苦了。

　　人们推测老鼠的下丘脑存在"快乐中枢",并用同样的方法找到了它的"痛苦中枢",是不是感觉很神奇？20 世纪 60 年代,美国医生扎克布森和汤尔可逊大胆地进行了尝试,用电极刺激病人下丘脑的有关部位。人们惊讶地发现,被刺激的病人面带微笑,表示感觉良好。当然,此结果虽不能充分证明人脑存在"快乐中枢",但这些发现可以促进人们对情绪的产生地儿——大脑进行深入的研究。

没错,大脑是情绪产生的地方,情绪是大脑的重要功能。现代情绪生理学的许多研究已经证实,脑的许多部位在情绪诸成分的形成中起着重要作用,特别是为情绪孕育温床的以下这支"生力军":

• 杏仁核:它看起来像一颗杏仁一样,两头尖中间胖,体形也不大。可是你千万不要小看它！它可是在人们确定对事物和事件的感情上发挥着大作用呢,尤其是在愤怒、恐惧等情绪的形成和判断外界环境给我们的客观刺激是奖励还是惩罚等方面。但值得注意的是,杏仁核工作时并不孤单,它有很多战友陪伴它,就像是一个情绪的"计算机系统",与大脑其他部分形成复杂的传递通道,进而对各种信息形成适当的认识,产生情绪。

• 前额皮层:它位于脑的最前方,当我们需要对使我们产生情绪的事物进行解释和理解时,前额皮层就派上用场了。心理学家戴维森等人通过对正常人、脑损伤病人和情绪障碍者进行比较后发现,左半边的前额皮层与积极感情有关,右半边前额皮层与消极感情有关。

• 下丘脑:它位于大脑腹面、丘脑的下方,所以也就有了"下丘脑"这个称号。它是半个世纪以来最早被认定与情绪有关的脑结构,可以说是与情绪相关的大脑结构中的"先驱人物"。它既能帮助信息向上传送,又能帮助信息向下传送,根本就是一个很好的管理者嘛！

另外,戴维森和福克斯还有一项关于大脑两个半球对情绪控制和调节的有趣研究:他们发现,通过情绪影片使实验参与者产生积极情绪和消极情绪时,大脑左半球对积极情绪的反应更为敏感,而大脑右半球对消极情绪的反应更为敏感。看来我们的大脑对不同性质的情绪还合理分工,有条不紊呢！

自我反思

了解了你的大脑和情绪之间的独特关系之后，有没有一种想要找出那些与情绪相关的脑部位究竟在哪个地方的冲动呢？好吧，那就自己动手，通过资料的收集去发现、去明确，这也是一种很好的学习习惯。有不懂的地方，问问老师，或者去图书馆、网站查阅更专业的资料，相信这些能够为你提供必要而且丰富的帮助。

你找到些什么资料？可以记录在这里：

第三节 情绪有什么用？

 引言

一个小丑进城，胜过一打医生。

在达尔文看来，情绪是由遗传获得的，是一种先天的能力，是在经历自然选择的残酷规则后幸存下来的胜利者。自然选择之所以保存它的现状，必定是因为情绪对我们有利的性状，甚至在某些时候，对我们的生存都至关重要。了解情绪的作用，好好利用它，一定会使我们的生活更加精彩！

 案例

神奇的"药方"

英国著名化学家法拉第在年轻的时候由于工作紧张，神经失调，身体变得很虚弱，久治无效。后来，一位名医给他做了详细检查，没有开药方，只留下一句话："一个小丑进城，胜过一打医生。"法拉第仔细琢磨，觉得很有道理。从此以后，他经常抽空去看滑稽戏、马戏和喜剧等，并在紧张的研究工作之后，到野外和海边度假，调剂生活情趣，以保持心境愉快，结果活了76岁，为科学事业作出了很大贡献。

◎想一想◎

为什么医生的一句"一个小丑进城，胜过一打医生"能够改善化学家法拉第的身体状况？真正给予他帮助的又是什么呢？

问题探析

法拉第的身体变得虚弱是因为他整日都处在紧张的工作中，实验、科研占据了他生活的全部，神经失调，身体得不到该有的放松。长期处于这样的环境下，情绪会变得焦虑和不安，就是非常健康的身体也承受不了终日的不良情绪，它将改变我们的认识，阻碍我们的思维，甚至降低工作的效率，真是适得其反！法拉第听明白了医生的意思其实是让他多多放松自己，体验快乐、逗趣的积极情绪，从"满目乌云"回到"万里晴空"。心情舒畅了，身体各个部分就能自由呼吸、自我调整，身体自然得到改善，生活也变得有情趣了。所以真正帮助到法拉第的，是默默支持他的积极情绪。

深入阅读

对，没错，不要怀疑，情绪可是有着"十八般武艺"的武林高手呢！让我们通过对生活的观察和领悟来一一细数吧！

（一）情绪是一种重要武器

情绪家族的成员们可是个个聪明，总是会见机行事，在观察到它的主人对事情的态度后，就派成员代表出现了。这些情绪中，有安分守己希望帮助我们的，也有调皮捣蛋专搞破坏的，但不管怎样，它们的出现在一些时候的确是我们适应生存和发展的一种重要方式，甚至可以作为保护我们自己的心理武器。

你一定知道，当弱小的山羊遇到凶猛的老虎时，会害怕地叫喊，不停地逃离。此时羊群中的其他伙伴向它伸出援助之手，帮助它摆脱孤军奋战的老虎，老虎在见到庞大的羊群组织后，嚣张的气焰也会有所收敛了。是的，当动物在遇到危险的时候会发出害怕的呼救声，这种频率较高的声音常常被用来作为警报声，警告同伴或者向同伴发出求救的信号，这是动物求生和保护自己的必要手段，人类同样如此。当我们还是咿咿学语的小婴儿时，还不具备独立的生存能力，更不会与人说话交流，情绪家族的成员在此时摇身一变，成为我们与外界沟通的窗口，帮助我们传递信息，与成人进行交流，得到成人的抚养。你小时候一定有过这样的经历：当你还不会说话的时候，觉得自己肚子很饿，就开始难过得哇哇大哭来引起父母的注意；父母为你买来新奇的玩具时，你又高兴得手舞足蹈来表达欢乐。

有个小女孩在 5 个月大的时候，有一次她爸爸给她买回一个上紧发条就会跳跃的小青蛙，当小青蛙在桌上跳跃的时候，小女孩发出了叫声，开始她爸爸没有注意，还以为是女儿被小青蛙逗乐了，结果细听后才发现叫声和往常不对，再观察小女孩的脸色，这分明是惊恐万分的表情。于是，她爸爸赶紧拿走那只会动的小青蛙，慢慢地小女孩才逐渐平静下来，停止了哇哇大哭。小女孩用高频的叫声作为警报，提醒父亲她对于这个新奇家伙的害怕和恐惧。此时，害怕和恐惧的情绪成功地保护我们，避免使我们受到不必要的伤害，可谓立下了汗马功劳呀！

同时，情绪还像是我们心理活动的晴雨表，直接反映着我们的生存和发展的状况。当我们在处境良好的时候,我们会表现出愉快的情绪;而当我们在处境困难的时候,我们会表现出痛苦的情绪。通过情绪,我们可以了解自己和他人的处境状况,并在可能的情况下调整自己的情绪,求得更好的生存与发展。就像案例中的法拉第一样,学会用情绪使自己生活得更健康更有意义。科学家通过调查还发现,几乎所有长寿老人平时都非常愉快,并且长期生活在一个家庭关系亲密,感情融洽,精神上没有压力的环境中。可见,良好的情绪状态是我们更好地生存和发展的有力心理武器。

◎做一做◎

问问自己的爸爸妈妈,当你还是小婴儿的时候,有没有用情绪表达过抗议或者欢喜的事情?体会情绪是如何帮助你摆脱困境或者感受生活中的幸福的,把这些有趣的事情记下来,和别人一起分享!

_____

_____

(二)情绪,信息传递的"指示灯"

今天老师把上次期末考试的语文试卷发了下来,你考得还不错,可是你的同桌好友小欣可惨了,才刚刚及格。整个上午小欣都闷闷不乐地趴在桌上,显得有气无力的,和她讲话也爱理不理的,连最喜欢的体育课都不想去上了。在这个时候,你可以明显感觉到小欣的郁闷和难过,你当然知道不要哪壶不开提哪壶地谈论这次考试来刺激小欣,你更知道此时的她多么需要安慰和鼓励的话语呀!

是的,有时候,情绪就像一种无声的语言,可以让我们了解别人的状态和想法,采用最有效的方式和别人交流沟通,就像是十字路口的"指示灯",引导你走更好的路,选更好的方式。

情绪最直观的外部表现是表情,它由肌肉的运动、声调的变化和身体姿态的变化构成。在我们与他人的交往过程中,通过这三部分的整合,可以实现信息的传递和思想的沟通。当你和队友在参加篮球比赛时,你投进球后与队友的相视一笑既是一种喜悦的表达,也是一种鼓舞士气的力量;当老师在听学生回答问题时,不时地点头,也是对学生的赞许和支持。

这里不得不提的是情绪的信号功能突出表现在儿童的社会性参照方面。什么是儿童的社会性参照呢? 它是指在不确定的情境下,儿童从自己的母亲或是其他较为熟悉的人那里搜寻情绪信息,而后采取行动趋近或躲避某样事物或者某种环境。此时,情绪这个家伙就变身成带领儿童做出正确行为的"导游"了,它手举小旗,喊着响亮的口号,带着孩子们大步向前走。

奇妙的心理实验室

妈妈,快告诉我向前还是向后

美国心理学家沃克和吉布森曾做过著名的"视崖实验"。视崖,即通过我们的双眼直接看来像悬崖一样的地方,这是他专门设计了一个装置(如下图所示),装置是一个由厚玻璃制成的可供婴儿爬行的平台,平台下一边紧贴厚玻璃铺着格子布料,另一边远离厚玻璃铺着相同的格子布料,造成深度,形成"视崖"。这项实验原本的目的是观察婴儿能否知道另一边的布料其实不是紧贴着玻璃的,但与此同时研究者在实验中还发现了情绪的社会性参照作用:当母亲伸出手时,如果流露出害怕的表情,婴儿就不敢往前爬;如果母亲向婴儿微笑,大多数婴儿能够爬过视崖,母亲的情绪为婴儿做出行为选择提供了依据。

然而,情绪的社会性参照是一项较为复杂的心理运作过程,婴儿要获得这一技能并不是轻而易举的。这一心理技能包括必须朝向信息源(母亲)、对信息源的情绪进行筛选(到底是害怕还是愉悦?)、整合信息源的面部综合模式(是眉头紧皱还是一脸微笑?)、鉴别这一情绪模式的意义(皱眉头代表什么意思呢,微笑代表什么意思呢?)和作出采取行动的决定(往前爬还是往后退呢?)五个部分。值得庆幸的是,原来当我们还是婴儿的时候,就能够具备形成这一心理技能的要素,在不确定的情境下趋近好的事物,躲避危险。

(三)"放大器"和"驱动器"

- 情绪,情绪,请把需要都放大吧!

想象你在炎热的沙漠中,水壶里的水早被你喝完了,你感到又热又渴,已经快要走不动了。一望无际的沙漠没有人烟,连可以乘凉的树都没见到一棵,更别说珍贵的生命之泉了。怎么办?身体越来越疲乏,口干舌燥,腿脚也开始不听使唤了,一股恐惧和害怕之感漫布全身,这种感觉又逼迫着你赶快找到水源才有活下去的希望。

长期以来,很多心理学家都认为使我们产生心理活动和相应行为的原因是保证我们生存下去的需要,比如对于食物、水、空气的需要,有了它们我们才能不感到饥饿、口渴和不能呼吸。这一观点毋庸置疑,当我们觉得口渴的时候就去寻找水源,缓解口干舌燥的难受;当我们觉得肚子饿的时候就会去寻找食物,填饱肚子来消除饥饿感,才有力气做其他事情。但在这一过程中我们常常会忽视情绪这家伙正在这些需要背后"推波助澜"呢!

除了每时每刻都需要呼吸外,你有没有发现这些保证我们生存下来的需要几乎都是在某个时间段出现的,就像上了发条的闹钟一样,这就是我们身体的生物钟。最好的例子莫过于一日三餐了。可是,高等动物和人也可以一餐不吃,并不会对生命造成威胁,所以说这些需要的作用有的还是不够强烈的。但是情绪家族的成员如果出来捣乱的话，效果就不一样了，它会使需要变得强烈和急迫，像是"放大器"一样，立马唤起我们的心理活动和行为。比如当人们在缺氧的刹那感到恐惧和惊慌，在缺水时产生急迫感。

• 积极情绪，请赶快驱动我变得更好；消极情绪，请你远离我！

我们很容易想到，生理上的需要真是呆板，还要随生物钟的节律而产生，但情绪这家伙却又是无处不在，不受限制。所以在一些时候，没有诸如饥饿、口渴的生理需要，情绪也可以为唤起心理活动和行为独挑大梁，成为有效的"驱动器"。当我们的某一行为得到他人的赞许和支持时，我们内心感到愉快和欣慰，驱使我们在以后的生活中再接再厉，争取更好的表现；而当我们受到他人的侮辱时，我们内心感到生气和愤怒，驱使我们产生与他人打斗的行为，夺回我们的自尊。驱动作用常常会被情绪家族的两大阵营所利用，干出不同影响力的事情。话说这两大阵营——积极情绪和消极情绪，可经常是势不两立，互相抗争的。积极情绪协调着心理活动的各个方面，相反消极情绪破坏瓦解着心理活动的各个方面，已有很多生活中实实在在的例子证明了积极情绪的力量和消极情绪的破坏性。

1. 积极情绪的力量

我们每个人通过对生活的感受一定会感叹：积极情绪的力量是不可小视的。高兴作为最为常见的积极情绪，会带来笑这一外部表现，你有没有体会过笑的神奇力量？你有没有听过"幽默护士"这个职业呢？

美国芝加哥《医学生活周报》曾经报道，美国的一些大型医院和心理诊所已经开始雇用"幽默护士"。她们的责任就是陪同重病患者看幽默漫画并谈笑风生，以此作为心理治疗的方法之一。幽默与笑声，能帮助不少重病患者或情绪障碍者解除痛苦和烦恼，进而减轻身体上的症状。

所有人都是喜欢笑声的，每个人都不愿意看到朋友愁眉苦脸。

最新的医学研究发现,笑口常开可以防止传染病、头痛、高血压,可以减轻过度的精神压力,因为欢笑可以增加血液中的氧分,并刺激体内免疫物质的分泌,对抵御病菌的侵袭大有帮助。而不笑的人,患病几率较高,而且一旦生病之后,也常是重病。美国医学界将欢笑称为"静态的慢跑"。笑可以使肌肉松弛,对心脏和肝脏都有好处。如果生活中没有时间去慢跑,我们可以每天多笑一笑,甚至哈哈大笑几十次,以调节身体状态,增进健康。

耶鲁大学心理学教授列文博士说:"笑表达了人类征服忧虑的能力。"笑又往往是人欢乐的一种表达,之所以欢乐,是人体在生理上产生了某种愉悦的缘故。

◎写一写◎

记下生活中积极情绪给你带来的快乐和益处。

_____

_____

_____

◎做一做◎

在显眼的地方写下提醒自己每天都要有好心情的话语。

2. 消极情绪的破坏性

当然,消极情绪这个不安分的家伙也会时不时跑出来凑热闹,但它却是个实实在在的破坏家,在生理和心理两方面都起着很大的破坏作用。最近,美国一些心理学家做了一项实验,他们把正在生气的人的血液中所含物质注射到小老鼠身上,并观察其反应。初期,这些小老鼠表现呆滞,整天不思饮食。几天后,它们就默默地死掉了。很难想象,血液中的消极情绪成分竟会对老鼠的健康造成这么大的伤害。

奇妙的心理实验室

致命的"生气水"

美国生理学家爱尔玛为了研究情绪状态对健康的影响,设计了一个很简单的实验:他把一支支玻璃管插在正好是0℃的冰水混合物容器里,然后分别注入人们在不同情况下的"气水",即用人们在悲痛、悔恨、生气时呼出的水汽和他们在心平气和时呼出的水汽作对比实验。结果表明,当一个人心平气和时呼出的水汽冷凝成水后,水是澄清透明、无杂质的;悲痛时呼出的水汽冷凝后则有白色沉淀;悔恨时呼出的水汽沉淀物为乳白色;而生气时呼出的"生气水"沉淀物为紫色。他把"生气水"注射到大白鼠身上,几十分钟后,大白鼠就死了。由此可见,生气对健康的危害非同一般,它甚至比吸烟的结果更为严重,成为了一种致命杀手。而且光是看"生气水"颜色,我们也能隐约觉察出它的不健康。

分析还表明:人生气10分钟会耗费大量精力,其程度不亚于参加一次3 000米的赛跑;而且生气时的生理反应也十分剧烈,分泌物比其他任何情绪状态下的分泌物都复杂,且更具毒性。因此,动辄生气的人很难健康长寿。

为了自身健康,请你尽量不要生气,实在是生气,也要学会用克制、幽默、宽容等消气艺术来减轻或消除心理压力。

历史上有名的四面楚歌的故事,你听过吗?西汉史学家司马迁的《史记·项羽本纪》中记载着:项羽在垓下被刘邦团团围困,为了使项羽之军早日崩溃投降,刘邦采用了一个计策,他让士兵唱楚歌(项羽士兵故乡的民歌),结果使得项羽大惊失色,他的判断力也受到影响,以为刘邦已夺得许多楚地,掳了楚人来打仗。楚军之中原来高度紧张的神经因此而松弛下来,情绪急剧转换,原有的斗志昂扬、同仇敌忾等积极情绪突然转换为消极的情绪：哀伤、忧思、愁绪、惊恐以及无法排遣的怀乡之情，刹那间，楚军军心瓦解，"左右皆泣，莫能仰视"，一副悲凉、凄惨之状。当然，项羽的失败有其必然性，但若不是"四面楚歌"计策的应用，项羽的结局也未必会这么快失败。消极情绪真是误事不已，请赶快走开吧！

自我反思

看了上面的故事，是不是感慨原来消极情绪对我们的生理和心理健康有那么大的损害。没错，在你以前的生活中，有没有因为消极情绪破坏健康、耽误学习生活的故事？记下它，并反思自己当时的情绪是不是可以有所收敛呢。还有记得时刻提醒自己保持积极情绪的重要性，当然也要提醒身边的人和你一样，更积极更健康地迎接每一天，这样生活一定会多姿多彩！

第二篇 "情"事密码

表情是我们传递情绪的重要途径。人类有多少种表情呢？世界各地的人们有着一样的笑脸、一样的愁容吗？你知道吗，识别一个人的表情是真实的还是伪装出来的，也是有法可依的哦！

情绪还会让我们更聪明吗？心理学家发现，情绪能够对我们的记忆力、创造力、学习效果，甚至考试成绩方面产生意想不到的影响。到底怎样调节情绪才能让我们更聪明，你一定很想知道吧！

另外，男人和女人在情绪方面会有差异吗？情绪真的能影响人的身体健康吗？我们如何在不同情绪之间转换？

这里，我们提到了有关情绪的五花八门的问题。事实上，目前已经有不少出色的科学家和心理学家对这些问题进行了一系列研究，并得到了许多既有趣又重要的科学发现！这里我们就汇集了这些关于情绪的研究和发现，来向你解释目前关于情绪人类到底发现和了解了哪些知识。

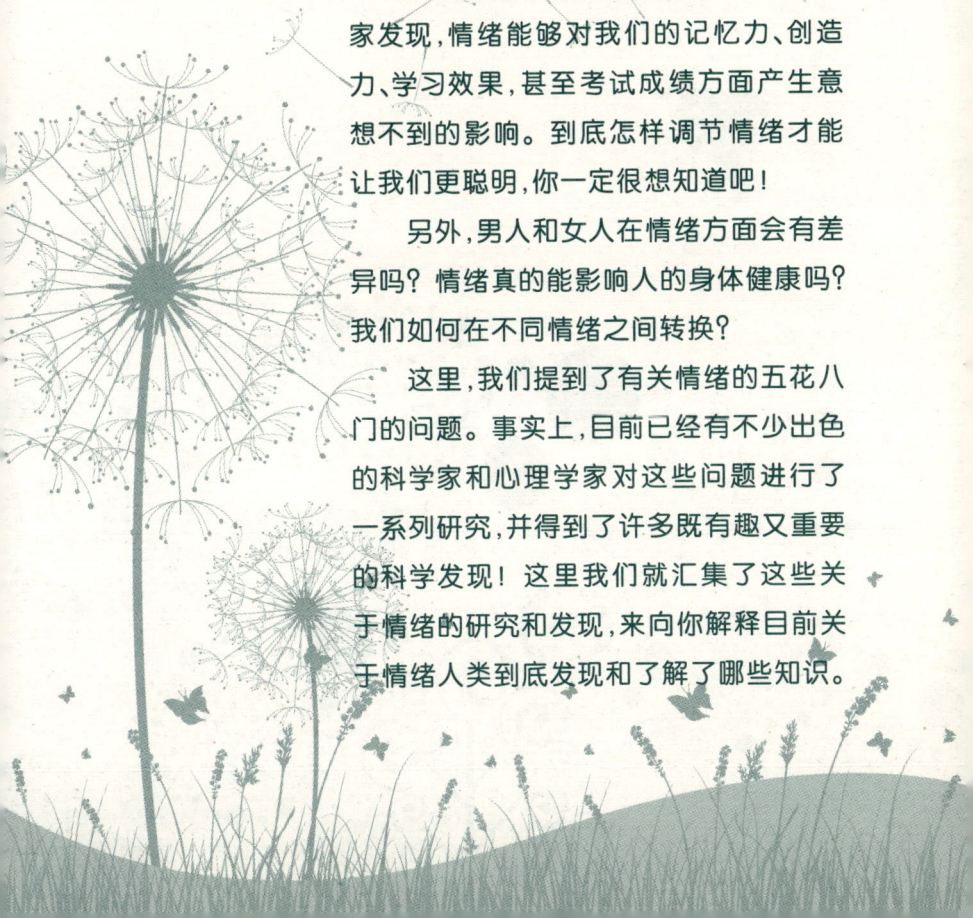

　　　　希望你在本篇的阅读中能够感到好奇和快乐，同时学到一些对生活非常有用的知识！

第一节 你的脸在忙什么——表情

引言

察其言,观其色。

什么是表情？ 相信我们每个人对表情这一概念都不陌生。 表情总是伴随我们左右：在与人面对面交流时，我们会做出各种各样的表情；网上聊天时，我们会使用各种有趣的表情图片；甚至独处时，人们也会自然而然地流露出表情。 人的表情究竟有多少种？表情在我们的生活中起着什么样的作用呢？

案例

"你怎么了？ 不开心？"

是什么泄露了他的心情?

小东是一个中学生,他性格开朗,爱说爱笑,而且非常乐于助人。在班级里他也非常受同学们的欢迎,总是能和大家打成一片。不过,他也有一些缺点。比如他总是有些贪玩,非常喜欢玩电脑游戏,而且每次一玩起来总是忘了时间。这天晚上,他因为一直在玩游戏而忘记了写作业,第二天早上妈妈知道之后狠狠地批评了他。这让小东非常难过,来到学校后他也一直愁眉苦脸。由于小东很爱面子,不想让朋友们知道他挨了批评,也就什么都没跟同学们说。可是没过多久,同桌就发现了小东的糟糕情绪,问他:"怎么了,你今天看起来这么不高兴?"

◎想一想◎

小东什么都没有说,可是为什么同桌会知道他心里不高兴呢?

问题探析

也许你猜到了,同桌正是根据小东的表情知道他的心情的。

有时候我们用语言来传达情绪,直接告诉别人"我很难过"、"我今天非常高兴"、"我生气了"等等。但除了语言之外,表情也是表达情绪的重要方法。人们会在高兴时"眉开眼笑",震惊时"目瞪口呆",难过时"愁眉不展"……

表情在人与人的交往中起着巨大的作用!例如,悲伤的表情告诉周围的人,你遇到了糟糕的事情,需要安慰;开心的笑脸会展示好心情,让大家可以放心地接近你;而当你看到一张愤怒的面孔时,毫无疑问你会躲得远远的。表情用一种独特的情绪表达形式,让人们互相了解彼此的状态和需要。

你知道吗,表情可不是单单表现在脸上哦。总的来说,表情有三种形式:面部表情、肢体动作和语调。面部表情是指通过眼部肌肉、颜面肌肉和口部肌肉的变化,达成不同的脸部组合来表达相应的情绪体验和心理感受;肢体动作,就是身体和手部的不同姿势,例如兴奋时我们会"手舞足蹈";而语调是指声音的高低、强度、停顿以及转折等,如紧张兴奋时我们的语调会尖锐急促,而悲伤无奈时则会缓慢深沉。在这些表现形式中,面部表情是我们使用最为频繁,也是最为丰富、有趣的。

我们的生活永远离不开他人,也离不开交流和沟通,而表情的识别和表达,正是人际沟通中的有力武器!一方面,我们通过各种表情来及时、有效地向他人展示自己;另一方面,我们又通过识别他人的表情表达来试图准确地了解他人。

深入阅读

(一)那些我们天天见到的表情

为了做出各种复杂多变的表情,人类面部有着丰富的肌肉,它们被称为表情肌。表情肌分布在嘴、颊、眉、额、鼻、眼睑等部位,多达42块。我们对各种各样复杂而精密的表情都有过很多经验。在汉语中,有许多表达表情的成语,它们从另一个侧面印证了心理学家关于情绪特征的描述。例如前面提过的眉开眼笑、目瞪口呆以及愁眉不展等。

人类有多少种面部表情呢? 达尔文认为人类存在六种原始情绪,即快乐、惊讶、恐惧、厌恶、气恼和悲伤。美国心理学家汤姆金斯则认为,人类存在八种原始的情绪,分别是兴趣、欢乐、惊奇、痛苦、恐惧、羞愧、轻蔑、愤怒,它们分别对应着一种表情模式。此外,他还总结出了这八种表情各自的特征:

兴趣:眉眼朝下,眼睛会追踪着对象看;

愉快:嘴唇朝外和朝上扩展、眼睛周围挤成皱纹;

惊奇:眉眼会朝上,还会眨眼;

悲痛：流眼泪、眉眼拱起、嘴朝下以及有韵律的啜泣；

恐惧：眼发愣、脸色苍白、出汗发抖、毛发竖立；

羞愧：眼朝下、头低垂；

轻蔑：冷笑并且嘴唇朝上；

愤怒：皱眉、眼睛变狭窄、咬紧牙关、面部发红。

想一想，你在辨认相应表情时采用了哪些脸部信息，跟上面这些结论是否一致？

◎做一做◎

看看下面的几张面部表情图片，你能分辨出它们分别传达了什么样的情绪吗？

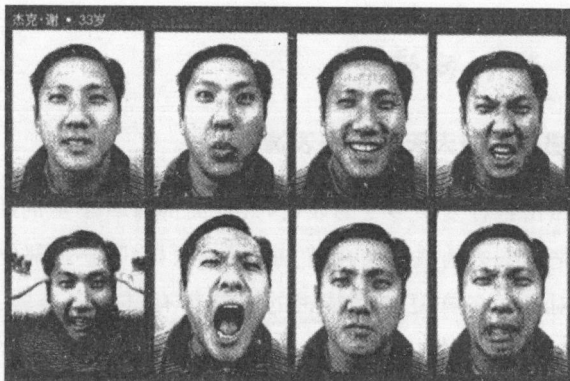

常见的面部表情

(二)世界各地的人，表情都一样吗？

表情从何而来呢？我们一生下来就会做各种表情吗？如果说表情不是天生的，而是出生之后慢慢学会的，那么世界各地的人们有可能会学到不一致的表情。要知道，不同文化背景下，人们的生活环境、心理特点等很多方面都是不同的，那么人们在情绪和表情这方面是否存在一些差异呢？

其实，沸尔人的情绪和我们一样

沸尔人的脸

沸尔人是新几内亚的土著居民，他们生活在新几内亚东南高地，住在海拔 2 000 多米分散的小村庄里。这是一个与世隔绝的部落，人们过着原始的狩猎和采集生活。他们没有电，没有铁器，没有塑料，也没有书面文字，生活习俗也与我们所熟知的大相径庭。

1967 年底的某一天，这些居民迎来了一群不速之客——心理学家保罗·艾克曼博士和他的研究团队。艾克曼博士带来了很多沸尔人闻所未闻的东西：肥皂、香烟、奇异的服装，以及照片和录像。这一行人来到这里的目的，正是想要探究这样一个问题：不同文化中的人们有一致的表情吗？当地的沸尔人对这些他们从没见过的外国人非常感兴趣，络绎不绝地参与到研究中来。

艾克曼在沸尔人的村庄中做了一系列与表情有关的研究。他给沸尔人看一些白种人的表情照片，看看他们能否辨认这些表情；作为对照，他还拍了一些沸尔人的表情照片让他们辨认。测试结果表明，沸尔人辨认美国人的表情毫不费力，跟辨认他们自己人的表情时一样。喜悦、愤怒、厌恶和悲伤这些表情，他们都能很清楚地分辨。

艾克曼博士还花了很多时间拍摄沸尔人在日常生活中的各种表

情。此外，他还做了另一项测试：给受测者讲一段故事，并拍摄在听故事的过程中，沸尔人脸上表露出的种种表情。然后，他把拍摄到的表情带回美国，并让一些大学生辨认。同样的，这些大学生也能不费吹灰之力地辨认出沸尔人的表情。

◎想一想◎

艾克曼博士的研究能够得出什么结论？

问题探析

我们可以看到，艾克曼的研究得到了这样几点发现：

（1）沸尔人能够辨别出美国人的表情；

（2）美国人也能辨别出沸尔人的表情；

（3）沸尔人的各种表情与美国人相同。

这些研究结果告诉我们：即使是与世隔绝的沸尔人，也与美国人有着一致的情绪和表情。你也许会怀疑，单单靠对比沸尔人和美国人，并不能说明世界上其他地方的人也都一样啊！事实上，其他一些研究者在研究了中国人、日本人等其他文化背景下人们的表情后，也得到了类似的结果。

总之,诸多研究表明,全世界的人类都有着一致的面部表情。

深入阅读

为什么会这样呢?进化论能够解释这一现象。

早在 1827 年,进化论的提出者达尔文就在《人类和动物的表情》一书中提出,不同的面部表情是先天的、固有的,并且能够为全人类所理解。你对进化论了解多少呢?也许你在课堂上接触过进化论的一些有关内容。

进化论的基本观点是,在生物漫长的进化过程中,会不断突变出一些新的特征,其中有利于生物生存和繁衍的特征,会在种群中保存并扩散开来。表情正是这样一种对人类有利的特征!它能够有效促进人类成员间的情绪沟通,加强交流与合作。所以,我们不难理解人类为什么会有表情。

另外,考古学研究已经表明,尽管人类有着不同的肤色、语言和文化,但现存的所有人类都来自共同的祖先。在漫长的进化历史中,曾经存在过不止一种人类,如直立人、尼安德特人和智人等,其中智人是至今仍然存在的一种人类。智人出现于约 25~4 万年前的非洲,并在距今约 5 到 7 千年前,其中一部分开始迁徙,离开非洲并逐渐扩散到全世界。几千年的时间在进化的历程中是十分短暂的,还不足以让种群产生较大变化。因此,即使在这些岁月中人类在文化、科技上有着各自不同的发展,各地的人类本质上并没有什么区别,也同几万年前的共同祖先几乎毫无差异。

这就能够解释,为什么全世界的人类在情绪和表情上是一致的。有时我们不禁会想,也许远古时期存在过的北京猿人、尼安德特人,会有跟我们不相同的表情和情绪类型吧。还有他们的相貌、体型、喜好甚至思维方式,可能都会跟我们有着大大的不同。

◎想一想◎

当我们欣赏国外电影,看着国外演员用精湛的演技做出各种表情时,你能够体会到他们所表达的情绪。这是否也能够在一定程度上证明,表情是世界通用的呢?

(三)机器人也有表情?

影视作品中经常出现机器人,例如好莱坞电影《变形金刚》《终结者》《机器人总动员》,日本动漫《哆啦A梦》等,相信大家都接触过不少。在这些机器人中,有的一眼看去就会觉得可爱可亲,有的则看上去恐怖骇人。为什么机器人的造型差异会让我们产生这样不同的感受呢?它们的设计者又是怎样令其达成这些视觉效果的呢?难道机器人也有表情?

案例

是不是机器人越跟人类相像,就会越可怕呢?
T800

瓦力与 T800

看看下面这两幅图中的机器人,它们各自有什么特征? 很显然,它们其中一个看起来可爱,另一个则有些可怕。左边这幅图中的瓦力看起来跟人类差别很大,它的"脸"上只有一对望远镜似的眼睛,而"腿"是一副履带,躯干部位则只是一个方方正正的箱子;而右边的 T800 乍一看跟人类十分相似,只有一侧脸庞显露出的金属暴露了它的身份。与人类的相似程度来看,这两者之中,《终结者》里的 T800 与人类更相似。是不是机器人越跟人类相像,就会越可怕呢?

《机器人总动员》中的瓦力

《终结者》中的 T800

问题探析

20 世纪 70 年代,日本科学家森政弘提出"恐怖谷"理论,描述了这一现象:对于玩具娃娃、机器人等类人物,我们对它们的好感度会发生奇怪的变化。

从完全不像人类开始,随着机器人与人类相似程度的增加,我们对它们的好感度也会增加;但是,当相似程度到达某一个较高水平之后,我们对其好感度则会急剧下降至谷底,直到相似度接近百分之百时才重新回升。也就是说,当机器人的外表与人类相似度较高时,只要有一点跟人类不同的地方,就会令它显得非常可怕。

"恐怖谷"理论常常被应用于电影、艺术和游戏等领域中。如何合理设计机器人，使其能够呈现出或可爱或恐怖的效果？"恐怖谷"理论为之提供了一些答案。另外，"恐怖谷"也是动画和艺术创作中的难点之一，尤其是类人卡通人物造型的设计。创作者们必须小心谨慎，以免掉入"恐怖谷"的陷阱。

◎想一想◎

你还在影视作品中见到过哪些机器人？回想一下它们的形象，看看是否符合"恐怖谷"理论的描述。

深入阅读

为什么会产生"恐怖谷"呢？至今，仍是众说纷纭。

有的人认为，是移情现象在作怪。所谓移情作用，就是指人们常会不自觉地把自身情感转移到外物身上。杜甫的诗句"感时花溅泪，恨别鸟惊心"就是这样一个例子，"花"和"鸟"都是客观事物，并不具有情感，只是诗人把自己心中的悲痛转移到了它们身上，这就是移情。当我们面对机器人时，也会发生移情作用，机器人与人类越相似，我们就越会不自觉地把它当成人类。这时候，机器人身上哪怕一点点与人不同之处都会显得格外醒目和刺眼，正是因为我们不能容忍"有瑕疵"的人类存在。

但是这一解释并不能令人满意，因为生活中也会见到一些"有瑕疵"的人类，例如残疾人。我们对他们抱有的感情常常是同情和怜悯，而并非恐惧。于是，一些人提出了另一种解释。他们认为，机器人之所以带来"恐怖谷"效应，是因为它们看起来与病人或尸体有相似之处，从而让人感到惊慌、恐惧。人们很容易就能理解，对尸体和病人的恐惧来自于对死亡的恐惧；但当面对机器人时，人们虽然仍会感到恐惧，但理性上明白它们不是尸体或病人，于是这就成了一种"无端的恐惧"。

还有一些科学家从大脑机制方面去探讨"恐怖谷"产生的原因。

他们发现,我们的大脑从感觉器官到情感系统的传递有很多条路径。其中一条是直接的路径,眼球接受到的视觉刺激先传递到下丘脑,然后传递到脑垂体中的情感系统;另外一条则从下丘脑先传递到大脑皮层中的认知和理解系统,然后才到达垂体。当人看到类似人类的机器人时,通过直接的路径得到的信号说明它是人类,而另一条通过理解和认知系统的途径则判定它并非人类。于是在这里,我们的大脑就出现了冲突。科学家们认为,正是这种冲突造成了恐惧感。

虽然学者们对"恐怖谷"的原因仍然难以得出统一答案,但随着现代机器人仿生学的进步,机器人正在走出"恐怖谷"。如今机器人专家们制造出来的机器人一天比一天进步,其中有些非常逼真,根本不会让人们感到可怕。相信不久之后,科学家们就能够造出足以以假乱真的机器人了。

(四)别对我撒谎——神奇的微表情

你听说过微表情吗?如果没有,那么下面这个故事一定会勾起你的兴趣!

案例

一次神奇的审讯

卡尔·莱曼博士正在审讯室中面对一名嫌疑犯,该嫌疑犯被指控为计划与同伙一起袭击一间教堂。他是个嘴巴很紧的人,之前FBI(美国联邦调查局)审讯了他4个小时都毫无收获。FBI的探员们根本不相信这位莱曼博士能从他嘴里问出些什么。

嫌疑犯的应对方法非常简单但却非常有效:面对一切提问都不开口。但是莱曼博士不慌不忙,虽然得不到回应,他还是慢条斯理地对着嫌犯说话:"FBI知道你想制造大规模伤亡,正在对州内两间最大的黑人教堂进行搜查。"

博士紧紧盯着嫌犯的脸,片刻之后自言自语道:"不是这两间教堂,FBI搞错目标了。"

他继续对嫌犯说:"也许……你的目标是市郊的黑人区里一座较小的教堂……"

这时嫌犯有点坐不住了。

"你觉得我们从南区开始搜索怎么样?"莱曼博士继续仔细观察着,"不,我是开玩笑的。就从罗顿开始搜索吧。"嫌犯依然什么也没说,但是博士审视他片刻,便信心十足地站了起来,对探员们说:"没错,就是罗顿。我们去找罗顿的教堂!"

经过调查,罗顿的教堂果然正是犯人的目标。

问题探析

上面的故事来自美剧《别对我撒谎》(Lie to Me)中的一段情节,剧中主角莱曼博士成功帮助FBI查明并防止了一次恐怖袭击。为什么犯人什么都没有说,莱曼博士就能知道呢?难道他会读心术?当然不是。莱曼博士使用的,是一项观察微表情的技术,通过这项技术,他能够轻易地解读人们的情绪,识破谎言。莱曼博士用一个个问题逐步试探,正是为了捕捉到当谈及犯人的真正目标时,他那一瞬间流露出来的惊慌失措的表情。

什么是微表情?人们在日常生活中,经常会说谎,并掩盖自己真实的情绪。但是微表情是无法掩盖的,当一种情绪产生时,无论我们如何精心掩饰,脸上总会有那么一瞬间表露出我们的真实情绪。这就是微表情。微表情的时间很短,只是一闪而过,最短只会持续1/25秒,因此无论是做表情的人还是观察的人,都很难察觉到。

深入阅读

微表情的识别技术具有很强的应用性。目前在美国,针对微表情的研究已经应用到国家安全和司法系统、医学临床和政治选举等多项领域。例如,一些训练有素的恐怖分子可以轻易通过测谎仪的检测,但是利用微表情,从事国家安全工作的人却常常可以发现他们虚假表面下的真实表情。

保罗·艾克曼博士(没错,正是前文中提到过的到新几内亚的土著村落中研究表情的那位学者)是一位研究情绪与表情的先驱,也是《别对我撒谎》(Lie to Me)剧中的莱曼博士的原型。在 40 年研究生涯中,他曾研究新几内亚部落民族、精神分裂病人、间谍、连续杀人犯和职业杀手等各种各样人的面容和表情。由于他对微表情的深入研究和认识,美国联邦调查局、中央情报局、警方、反恐怖小组等政府机构甚至动画工作室等,都经常邀请他担当特别顾问。

2002 年,艾克曼博士研制出了第一个微表情训练工具 METT (Micro Expression Training Tool),包括前测、训练、练习、复习和后测 5 个部分。经过训练,METT 能够让受训者的微表情识别能力在短时间内上升 30%～40%。METT 软件的简化版能够比较容易地在网络上找到,你也可以去试试看!

◎做一做◎

微表情能够告诉你，一个人的表情是真实的还是伪装的。你能看出来下面两幅照片中哪一张是伪装的笑脸吗？（小提示：注意眼睛的区别！）

（五）微笑，世界通用的表情

人类有很多种表情，但其中只有一个被规定为节日来庆祝时使用，你知道是哪一个吗？没错，是微笑。从 1948 年起，世界精神卫生组织将每年的 5 月 8 日定为世界微笑日。为什么微笑这么重要？

 案例

微笑的力量

威廉·史坦是一位股票经纪人,由于工作压力的原因,他的性格越来越孤僻。多年来他总是不苟言笑,在面对陌生人时更是非常严肃。这让他失去了很多结交朋友的机会,也丧失了很多生意。人们经常戏称他为"百老汇最闷闷不乐的人"。威廉·史坦非常苦恼。后来他决定改变这种情况。每天早晨,他都对着镜子练习微笑,并告诫自己要习惯微笑。

很快,他就异常顺利地谈好了一单生意,而在此之前,这位客户总是让他头痛不已。后来那客户成了他的朋友,他对威廉·史坦说,自己以前从没看过他笑,因此心中对他有些抵触,所以后来看到他的微笑心中非常感动。威廉·史坦对微笑的神奇力量惊异不已,从此以后,他在和别人,尤其是和陌生人打交道的时候,都面带微笑,他因此获益不少,有了更多的朋友。不仅如此,他看待世界、看待他人的眼光都开始变得积极起来。

问题探析

微笑是世界通用的表情。时常出国的人很容易发现,当与别人发生小误会、小摩擦时,有时由于语言不通,很难相互理解沟通,这时候,一个略带歉意的微笑经常能够很轻易地化解争端。微笑不单单是一种表情,更是一种恬静亲近的感情,是拉近人际距离的法宝。人们是否经常微笑,是判断一个社会和群体中和平与健康的标志之一。一项关于"和谐社会"的调查显示,80%以上的人认为"微笑"最能够展示一个地方的和谐程度。

微笑传递给人愉快和友善的情感信息,犹如春风与美酒般滋润着人们的心灵,沟通着人们的情感,代表着和美的道德指引。微笑可以缩短人与人之间的距离,化解令人尴尬的僵局,沟通彼此的心灵,使人产生安全感、亲切感、愉快感。微笑是人类最好的名片,当你向别人微笑时，实际上就是以巧妙、含蓄的方式告诉他，你喜欢他、尊重他，这样，你也就容易博得他人的尊重与喜爱，赢得大家的信任。我们每个人都希望与亲切、乐观、积极向上的人交朋友。真正甜美的微笑，是和蔼的体现、亲切的象征，往往比言语更真实、更富魅力，也是一个人良好综合素养的自然流露。

所以，请常常微笑吧！笑脸是最美丽的语言，哪怕你的长相不够帅气和漂亮，只要微笑起来，就能够为你平添一份可爱和美丽。如果我们常常把微笑挂在脸上，肯定能够让世界变得更美好！

◎做一做◎

（1）如果每天早上对着镜子里的自己微笑一下，一整天都会有好心情，你试过吗？

（2）你最近有过开怀大笑吗？尝试回想一下当时的心情，也许你会不自觉地微笑起来。

第二节　情绪可不可以让人变聪明？

引言

快乐的日子，使我们聪明！

——［英］曼斯裴尔

情绪能够影响我们的智力吗？ 你可能有过这样的经历：当你心情极度兴奋或紧张时，总是难以保持冷静，做事容易粗心大意；而当你心情低落、多愁善感时，又往往很容易就能写出打动人心的文章。 情绪真的能让我们变聪明吗？ 到底是哪种情绪在发挥作用呢？

(一)记忆力与情绪有关吗?

2008 年 5 · 12 地震发生时,你在哪里,在做什么?

两个月前的第二个周末,你又在哪里,在做什么?

相信对于这两个问题,大多数人能够回答出前一个问题,而比较难回忆起自己两个月前周末的情况。毫无疑问,5 · 12 地震的发生能激起我们很强烈的情绪,对于一般人来说它可能激发出了震惊、惋惜等情绪,至于受灾地区的群众,他们当时情绪的剧烈程度更不用说。这是否说明情绪与记忆有所关联呢?

案例

"当时太害怕,只记得他拿手枪,没记住他的脸。"

记住枪,忘记脸

玛丽太太今年已经 50 岁了,两个孩子早已成年,离开了她和丈夫的家。她的家在郊区,人们说治安状况并不太好。不过,他们夫妇在这里住了几十年,倒也没真的遇到过小偷或劫匪。这天晚上,玛丽太太的丈夫出差去了,她一个人在家,正准备睡觉,突然听到客厅里玻璃碎掉的声音。玛丽太太壮着胆子走过去想看个究竟,结果发现一个拿着枪的男人闯了进来——一个入室抢劫的劫匪！匪徒用枪指着她，逼问她家里的钱放在哪里。玛丽太太吓得惊慌失措，慌忙告诉了他放钱的地方。幸好，这个劫匪只谋财不害命，没有伤害她就离开了。

事后，玛丽太太连忙报警。警察很快就赶来了，询问她歹徒的情况。玛丽太太说自己太害怕了，没有记清犯人的脸，不过她倒是对犯人指着自己的枪印象深刻，能够详细地描述那把枪的样式。

◎想一想◎

玛丽太太的记忆受到了情绪的影响吗？如果有的话，又具体影响了她记忆的哪个方面呢？

问题探析

玛丽太太这样的经历，在犯罪受害者中比较常见。研究表明，当人们面对持枪的犯人后，往往能够很清楚地回忆出枪的细节，却很难记住犯人的外貌特征。心理学家们认为，这是由于枪对人们来说比犯人的外貌更加可怕，更让人感到威胁。也就是说，消极情绪会促使人们在记忆中加强某些重点。

人们对与恐惧、愤怒等消极的情绪联系在一起的事物，有着更强的记忆。这是比较容易理解的。因为负面情绪往往与我们受到的伤害、做错的事情等联系在一起。对消极情绪事件更好的记忆，能够帮助人们在将来有效避免类似的伤害和错误，这是一种非常有利的适应能力。人类经过几百万年的进化，这种适应能力早已深深镌刻在我们的心理和行为模式中！

另外，还有人研究了积极情绪与记忆的关系。结果表明，我们对于能引发快乐、感动等积极情绪的事物，同样有着比一般事物更好的记忆！引发积极情绪的事物对人类来说也很重要，在这里，积极情绪以一种与消极情绪类似却又相反的方式，影响着人们的记忆力。

总之，情绪的确会影响我们的记忆。不过，积极情绪和消极情绪两者对记忆的影响却不尽相同。如果你想了解更多,请继续阅读下面的内容。

深入阅读

　　情绪状态会影响记忆吗? 什么样的情绪能够增强记忆,什么样的情绪又会削弱记忆? 你已经知道了情绪确实会影响记忆,如果你有一颗足够好奇的心,可能还想知道得更多。然而考虑到情绪和记忆两者的复杂性,这些问题又很难简单地回答。

　　情绪可以分为悲伤、恐惧、愤怒等消极情绪,以及快乐、好奇、爱等积极情绪;而记忆按照不同分类方式也可分为短时记忆和长时记忆、外显记忆和内隐记忆等。其中长时记忆是指我们能够长久记忆的内容,短时记忆是指我们能够在很短时间内记住,但没有长久保持的内容。例如对于数字串498376,如果你把它默念几遍后合上书,便能够立刻复述出来,但往往过不久就会忘记它,这就是短时记忆。内隐记忆,是我们无意中记住的内容,与之对应的,外显记忆则是我们有意记住的,并且能够随时让自己回想起来的内容。

　　面对情绪与记忆这样复杂的问题,是不是就无法研究呢? 不是的。对于这方面的问题,心理学家们已经做了一些研究,下面我们就将简要介绍其中的一部分。

　　我们对于能够诱发情绪的事物有着更好的记忆。肯辛格等人研究了人们对于不同类型的图片的记忆。他给人们看两类图片并要求他们记忆,其中一类为负性图片,能够引起人们的消极情绪,例如手榴弹、刀等;另一类为中性图片,不会引起人们任何特殊的情绪,例如气压计、尺子等。隔一段时间之后,再给参与实验的人看一些图片,并让他们判断自己之前是否看过。结果研究者们发现,人们对负性图片的记忆明显强于中性图片。

负性图片

中性图片

不过，情绪有时也会限制我们的记忆，就像玛丽太太的例子那样。1995 年，有研究者让一些大学生观看当时发生的 O. J. Simpson 谋杀案的审判视频，并让他们对审判的结果进行预测。一些人认为被告有罪，应该判刑；而另一些人则认为被告是无辜的。之后研究者告知他们审判的结果。于是预测正确的人感到了高兴等积极情绪，而预测错误的人则体会到了愤怒、悲伤等消极的情绪。事后，当研究者们询问他们一些审判细节时，这两类人的记忆表现出了一些不同。对结果判断正确的学生回忆出了审判中更多的细节，例如被告是否曾对陪审团说过"谢谢"，以及是否对法官竖过大拇指等。但他们回忆的细节中有很多错误之处。与之相对，判断错误的学生对细节的回忆更少，却更加准确。

这样的结果表明，积极情绪和消极情绪对记忆的影响是不同的。积极情绪像一只灯泡，照亮更大的范围，让人们在记忆时获取更多信息，即便是虚假的信息；消极情绪则像探照灯，强调重点，让我们的记忆更深刻，但却缺乏细节。

另外，人们还倾向于对与自身心境相符的事物记忆更加深刻。例如，抑郁症患者常常处于失落、哀伤等情绪状态中，他们对于消极信息和抑郁事件的记忆也更加清晰。这被称为"期待效应"或"心境一致效应"。我们处于积极的情绪状态时，对积极信息的记忆会更加容易，而对中性信息和消极信息的记忆效果较差，反之亦然。除此之外,关于情绪和记忆还有很多其他研究,例如,具体的情绪类型如愤怒、恐惧,分别对记忆内容有着哪些方面的影响,以及情绪对长时记忆和短时记忆影响的区别等。限于篇幅,我们在这里不再详述。总之,情绪和记忆这一话题可以从许多方面去探讨,而心理学家们的研究仍在继续中。

(二)情绪,让我们更有创造力

那些优秀作家、艺术家们的高度创造力似乎经常与负面情绪联系在一起。历史上诸多才华横溢的创造者们如同受到诅咒一般,抑郁、焦虑等消极情绪如影随形。他们郁郁寡欢,离群索居,忧郁,酗酒,甚至滥用毒品。单单是自杀者一项,就可以列出长长的名单:凡·高、海明威、茨威格、老舍、海子、川端康成、莫泊桑……

 案例

凡·高与《星空》

凡·高是一位生活在荷兰的著名画家,但他生前的生活很是穷困潦倒。由于他的画风与当时的画坛的主流相差太大,很难被人们接受。长期的的饥饿、孤独困扰着他,最终使他患上精神病,并住进疗养院。直到他自杀去世后,世人才重新认识到凡·高的价值,从而令他的每一幅画都能卖成天价。在凡·高的画作《星空》中,他的笔触忧愁又狂野,把树木画成黑色的火舌,将天上的星星画成神秘而迷幻的漩涡。《星空》展现了高度的创造力,带给人们极大的审美享受,而这幅画正是在他患精神病住院期间所作。

凡·高的《星空》

问题探析

许多研究者就情绪与创造力之间的关系进行了研究。

1987 年,爱荷华大学的南希·安德烈亚松通过对 30 名高创造力的作家和 30 名普通人的调查发现,80％的高创造力作家都经受过精神疾病的困扰,特别是双向情感障碍和重度抑郁;而对照组的普通人只有 30％的人有此经历。

1995 年,肯塔基大学的阿诺德·路德维格对来自政治、商业、艺术、科学、军事等各个行业的 1 004 名佼佼者的研究发现,这些人罹患焦虑症、抑郁症等心理疾病的比例显著高于正常人,并表现出多种消极行为,如酗酒、吸毒和自杀。其中仅抑郁症一项,就有 50％的艺术家、47％的小说家和 46％的作曲家被纠缠过,而诗人则更是高达 77％。

尽管如此,我们是否就可以得出消极情绪会促进创造力这样的结论呢?恐怕答案不是如此简单,而且很多人也反对这样的观点。他们认为人在消极情绪中,往往情绪低落,动机降低,兴趣减弱,这样的状态并不利于创造。事实上,很多艺术家创造力最旺盛的时期并非是在抑郁中,而是情绪由抑郁转为正常或从正常转入躁狂时。如德国作曲家舒曼大多数杰作都是在抑郁之后的躁狂中创作的,而在抑郁期间则鲜有作品问世。

如此看来,无论是消极情绪还是积极情绪,都对创造力有好处。实际上,同情绪与记忆的关系类似,积极情绪和消极情绪两者分别以不同的方式影响着人们的创造力。

深入阅读

消极情绪和积极情绪究竟哪一种更能够激发创造力呢?面对这两种针锋相对、截然相反的观点,我们又该如何看待呢?

一些科学家设计了一系列实验试图寻找消极情绪与创造力的生理基础：当人们处于消极情绪时，唾液中脱氢表雄酮（DHEA）的含量降低，处于积极情绪中时含量则会提高。研究发现，人们唾液中DHEA含量越低，也就是情绪状态越消极时，创造力就会更高。另一些研究者发现，消极情绪下，人脑中5-羟色胺的含量会升高，这种化学物质会促进人们更加努力地完成目标，提高韧性并对任务投入更多时间和努力，从而提高了人的创造力。

另有一些研究者对积极情绪对创造力的影响进行了研究，得到了一些很有说服力的研究证据。如：让人们观看喜剧片或者得到意外的礼物之后，他们的创造力能够得到提升；当人们处于挑战、兴趣和满意等积极情绪时，人们就对任务给予更多的关注，从而增强创造性；还有人对企业员工的调查发现，那些经常处于积极情绪中的员工会更加支持创造性工作，同时有着更高的工作业绩。

心理学家伊森认为，积极的情绪状态能够从三个方面来促进人的创造力：首先，它有利于激活记忆，让我们在任务中获得更多信息；其次，它能扩散人的注意力，增加思维宽度；最后，积极情绪还能够提高我们的思维灵活性。

从上面的这些研究我们可以看出，无论是消极还是积极，只要情绪激发到一定程度，对创造力都有着促进作用，但两者的作用方式不同。正面积极的情绪能让人活跃思维，开阔思路，提高信息加工速度，从而引发更高的创造力；而负面消极的情绪虽然会限制思维的范围和灵活性，但同时却能提高思考的持久性，让我们在任务上坚持更长时间。

（三）管理情绪，提高考试成绩

你肯定有过这样的经历：重要的考试前，老师和家长会告诫你，要调整好情绪，以便考试中能够正常甚至超常发挥；在平时的学习中人们也常会说，要端正心态才能提高学习效率。根据我们的经验，情绪的确跟我们的学习效果有很大的关联。

案例

考试

好心态与坏心态

期末考试快到了,大家都紧张地投入到了复习中。小红平时总是很认真,上课认真听讲做笔记,下课及时复习和预习。所以,对她来说,这次考试并不难。可是小红每次遇到考试就会非常紧张,生怕出什么差错。这次也不例外,她不断对自己说,千万不能考砸千万不能考砸……

而小明平时就不那么认真了,总是到最后关头才临时抱佛脚。这一次,要考的内容又多又难,他到了考试前最后一天也没能够复习充分。他心想,都怪自己平时没努力,这次也就不期待能考到好成绩了。于是他抱着一颗平常心,以能发挥多少算多少的态度上了考场。

结果如何呢?小红没能正常发挥,没有把自己的学习成果好好展示出来;而小明却考出了出乎意料的好成绩。

◎想一想◎

你有过跟这个案例类似的经历吗?根据你的经验说一说,在考试中,什么样的心态能使我们发挥失常,什么样的心态能使我们超常发挥?

问题探析

在我们的学习和考试中,情绪发挥着很重要的作用。相信很多人都有着与上述案例类似的经验。究竟什么样的情绪才是合理的?我们该怎样调节情绪?在平日学习中又该抱以什么样的心态呢?

如果把我们的大脑比作一台电脑,那么它思考和处理不同事物时就相当于电脑运行着不同的程序。我们知道,电脑的计算能力是有限的,如果同时运行过多程序,则每个程序的处理速度就会变慢。当我们被过强的积极情绪或负面情绪占领时也是这样。如果在我们身上发生了令人委屈、难过的事,或者让我们非常激动、兴奋的事,我们常常会控制不住地总去想着它,这自然会影响我们的学习效率。

心理学中有一条耶基斯-多德森定律,可以用来描述情绪、动机和考试成绩之间的关系。动机是一个跟情绪关系密切的概念。所谓动机,是指我们心中激励和维持我们做事情的动力。动机令我们不断朝着期望的目标前进和努力。动机常常与焦虑、渴望、好奇或积极或消极的情绪联系在一起。例如,我们有时候会因为愤怒、嫉妒等情绪而"意气用事",会因为担心成绩不好而更加努力学习。耶基斯-多德森定律指出,我们面对学习和工作任务时,做出的成绩是与动机息息相关的,但并不是说动机越强成绩就会越好。过强的动机与过低的动机一样,都会降低我们在任务中的表现,所以,在考试中我们往往需要的是一种居中的、适宜的动机强度。

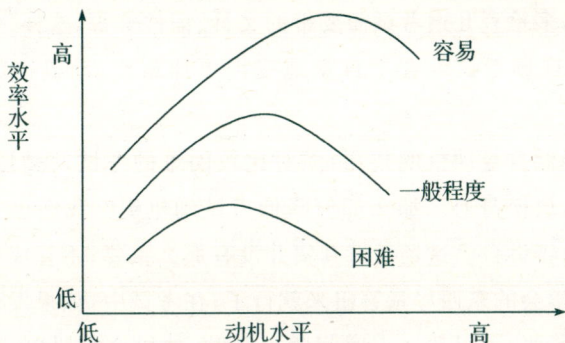

耶基斯-多德森定律

　　另外,这个所谓的"适宜的动机强度"并不是固定的,它与我们面对的任务难度息息相关。面对较容易的任务,偏高的动机强度更利于我们发挥效率;在中等难度的任务中,中等动机下我们效率最好;而在比较困难的任务中,最适宜的则是偏低的动机强度。换句话说,当我们面对比较简单的考试时,需要提高自己的动机强度,要提醒自己不可麻痹大意,争取更好的成绩;而面对难度较高的考试时,则要放松心情,抱着"尽人事听天命"的心态,反而会发挥出自身较高的水平;同理,在中等难度的考试中,既不太强也不太低的动机是最好的。

解决策略

　　总的来说,我们要根据任务和考试的难度来合理地调节自己的情绪和动机强度。在实际操作中,下面这些技巧都是非常有用的。

　　(1)提高自身动机的技巧:面对相对容易的考试,我们需要提高动机强度,这时候可以用一些方法来适当增强自己紧张、兴奋的情绪。例如,我们可以利用心理暗示的方法,即在心中提醒自己不可大意马虎,告诉自己这场考试很重要,对自己说"今天状态不错,应该会考好"等等;还可以利用一些办法来让考试的日子变得"特别",增强"考试的感觉",像是在考试前多注意饮食中的营养均衡,提前到考场熟悉环境,多检查几遍考试需要带的文具、证件等等,这样一来,在我们心目中这场考试就会不自觉地变得更加重要,动机也就会随之增强。

(2)降低自身动机的技巧:面对比较困难的考试,我们需要降低动机强度,放松身心。那么如何降低考试动机呢? 我们也可以利用心理暗示,告诉自己这场考试其实并没有那么重要,不管成绩如何只要把自己学会的东西尽量答出来就行了;在考试中,如果发现自己过于兴奋和紧张,可以花一点时间闭上眼睛,放松全身肌肉,进行几次深呼吸来平复心情;另外,尽量把困难考试的日子当成平常的一天来对待,遵循自己平日的生活规律。

(3)综合运用上面两类技巧,让自己在中等难度的考试中,动机既不太强也不太弱。适当的紧张和兴奋在这个时候最利于我们正常发挥!

说完了情绪和动机对考试成绩的影响,我们再来谈一谈情绪如何影响我们平日的学习效率。很多人认为,积极的情绪有利于我们的学习。的确,好奇、兴趣等积极情绪对促进我们的学习有着很大的作用,但同时情绪的强度也发挥着重要作用。在学习中,积极情绪并不是越强越好。研究表明,最适宜提高学习效率的是中等水平的积极情绪,过强的兴奋、快乐反而不好。同样的,如果学习中我们的积极情绪过低甚至感受不到一丝快乐,也会成为高效学习的阻碍。另有一些研究者发现,消极情绪与学习效率之间是一种负相关的关系,随着消极情绪强度的增强,我们的学习效率会越来越低。

讲到这里,想必你已经对情绪与学习之间的关系有了一定的了解。在本书后面的部分中,我们还会详细讨论各种类型的情绪,包括它们的特点、表现、产生的原因以及如何进行调控等等。如果你被情绪困扰,不想让它影响你的学习,或者想利用与情绪有关的知识来提高学习效率,请回想一下本书中介绍的这些知识,相信一定能够对你有所帮助!

第三节 情绪，男女有别吗？

引言

男人来自火星，女人来自金星。

近年来有一本非常畅销的书，名字叫做《男人来自火星，女人来自金星》，它用一个非常夸张的标题表达了男性与女性两者间的巨大差异——他们就好像根本不是来自同一个星球！毫无疑问，男性与女性在许多方面都存在着诸多不同。在情绪表达这个问题上，两者也是不尽相同的，其中许多差异之处我们都可以直接从生活中观察到。

案例

夫妻吵架谁的错？

李先生和李太太结婚还没过多久，就已经开始三天两头吵架了。这天晚上，李先生工作回来，坐在沙发上看着电视，而李太太则在一旁向他讲着自己这一天经历的烦心事。

"我今天去超市买东西，那个收银员的态度特别恶劣……"

李先生这天工作很忙，他非常累，已经不想开口说话了。所以他自顾自地看着电视，没有回应李太太。

李太太则继续抱怨着："然后我在回来的路上才发现，我穿的衣服上弄脏了很大一块！都不知道被多少人看到了……"

李先生还是不搭腔。

这时李太太火起来了："你怎么不听我说话！你是不是已经不在乎我了！"

李先生顿时觉得太太这样说毫无道理，心中越发疲惫与烦躁，于是也生起气来。

他们两个又吵起来了。

这是谁的错呢？

问题探析

事实上，李先生和李太太的矛盾，来自于男女两性在情绪上存在的差异。科学家已经发现，男性与女性在情绪问题上有着很多不同。

比如，男性和女性在情绪的丰富程度和强度上存在差异。一般来说，男性的情绪表达比女性更少也更稳定，他们既不会对一些小事耿耿于怀，也不会轻易就高兴得忘乎所以，只有遇到比较重要的事情才会有所表露，并且情绪一旦爆发往往就会很强烈；而女性的情绪则更加丰富多变，同时她们对情绪的控制能力也比较差，所以女性往往更加容易哭泣，也更容易为一些鸡毛蒜皮的小事生气，但她们也时常因为几句笑话就破涕为笑，转怒为乐。

男性和女性在情绪的表达方式上也存在着差异。女性在情绪表达上比较含蓄委婉,喜欢时常常不明说喜欢,讨厌时也不明说讨厌,有时还会"口是心非"。比如说,女孩子想要别人给她买某件衣服时,不会直接说自己想要,而是不断夸赞这件衣服多么漂亮。而男性在情绪表达上会更加直接,不愿意拐弯抹角,也不会含糊其辞。由于这两种不同的特点,男女交往时常常会出现这种情况:女孩觉得男孩不解风情,听不出"弦外之音";而男孩觉得女孩的心思总是需要猜来猜去,实在太累。

相对来说,女性比较感性,有着更多的情绪表达和情感需要;而男性更加理性,更少表达情绪,也更少情感需要。上面例子中的李先生由于工作太累而忽略了太太的情感需求,进而两人产生了家庭矛盾,就是这个原因导致的。

◎想一想◎

你在与异性同学交往中发生过一些不愉快的情况吗?回想一下原因,其中是否也存在着两性的情绪差异呢?

深入阅读

在一些具体的情绪上,男性和女性又有着哪些差异呢?下面我们就介绍一些有趣的心理学研究和发现,探讨一下男女在嫉妒和愤怒两种情绪上存在着哪些差异,男女大脑中掌管情绪的部分是否一样。

(一)女人比男人更容易嫉妒?

俗话说,"女子善妒"。女人更容易嫉妒的说法由来已久。你看,就连汉字中的"嫉"和"妒"两个字也都是女字旁。女人真的比男人更容易产生嫉妒情绪吗?

1981年,一些心理学家找到了150对情侣。研究者们请他们回答,他们自己平时有多嫉妒,当看到伴侣和别的异性成员在一起时又有多嫉妒等等一系列跟嫉妒有关的问题。经过统计处理之后,他们发现,男性和女性都会嫉妒,并且程度相当。

1987年,另一些研究者进行了更大范围的研究,他们邀请了遍及匈牙利、爱尔兰、墨西哥、荷兰、俄罗斯、前南斯拉夫和美国的2 000多名参与者,并得到了同样的结论:男性和女性一样,都会产生嫉妒,并且两者之间不存在谁强谁弱的关系!

尽管男性和女性产生嫉妒的强度相同,但他们在产生嫉妒的原因或内容上或许是会有差异的。荷兰科学家进行了一项有趣的研究发现,男人的嫉妒情绪可能与身高有关,越矮的男人越容易发生嫉妒。在研究中,他们对549名来自荷兰和西班牙的志愿者进行调查问卷。问卷列出了假想情敌的各种条件,要求志愿者们回答他们在哪些条件下会感到嫉妒,并记录嫉妒的强弱。结果发现,男人在面对高大强壮、富有吸引力的对手时更容易感到嫉妒;被调查者的身高越矮,嫉妒情绪就会越强烈。而身高这一条件在女性的嫉妒情绪中影响并不明显。

(二)男人在愤怒时更加暴力?

愤怒和攻击一般而言是由受挫引发的,男性和女性都会愤怒,但是很显然,男性比女性更加容易表现出暴力行为。根据我们的经验,打斗、凶杀等暴力行为的参与和执行者绝大多数时候是男性。一项调查显示,在美国芝加哥1965年到1980年间所有的凶杀案件中,86%的凶手是男性。

为什么男人在愤怒时更容易表现出暴力行为? 众多的心理学家从各个方面进行了探讨。有些人从生理因素出发,认为男性之所以有更多的暴力行为,是因为他们体魄更加发达、肌肉更加强壮;他们还发现,男性体内会比女性分泌更多的睾酮激素,而这种激素与攻击行为的关系十分密切。有些人认为社会文化扮演着重要的角色,他们提出,我们的社会在某种程度上对男性的暴力行为表示容许甚至进行了鼓励,因为在愤怒时进行暴力攻击往往会被认为具有男子气概,所以男孩子在成长过程中很容易对暴力行为进行模仿。许多调查研究发现,公众常常认为愤怒的男孩们斗殴打架是很正常的事,但女孩使用暴力却总是会遭到人们的严厉谴责。

女性在愤怒时很少表现出直接的暴力,但这并不代表她们的攻击行为就比男性少。研究者们发现,女性在愤怒时经常采用间接的攻击方式,包括使用语言辱骂、诽谤、孤立以及使用诡计等手段。可见,男人和女人在表达愤怒时会采用不同的方式。男人倾向于直接的表达方式,表现出更多的暴力攻击行为;而女人较多使用语言,以及用迂回和间接的方式表达愤怒,很少会发生肢体冲突。

性别差异很多时候是情境的产物,有些情境更容易让女人感到愤怒,而有些情境则更易激怒男人。比如说,有一句谚语叫做"永远不要去惹母熊怀里的孩子",这一句通俗地说明了女性在特定情境中的攻击性。当自己的孩子受到威胁和伤害时,女性的愤怒比男性更加强烈,同时也会具有更大的攻击性;而男性则会在自己的身体受到伤害时,比女性更易愤怒。

(三)男人、女人,不同的大脑

人们一直将男女之间的诸多差异解释为性激素的作用,或者是产生男女特定行为方式的社会因素所致。不管怎么说,大部分人还是认为两性的大脑基本上是没有什么差别的。但随着近年来脑科学研究的突飞猛进,这种观念正在受到挑战。事实上,男性和女性的大脑结构有许多不同之处,甚至连大脑中用来在神经元之间传递信号的化学物质都存在差异。夸张一点地说,我们甚至可以认为人类的大脑不止一种,而是男女两种!

在2001年的一项研究里,哈佛医学院的一些科学家测量并且比较了健康男性和女性的45个脑区,并发现了两性大脑的很多不同之处。其中就包括涉及情绪的脑区。他们发现,总体来说女性大脑中的边缘皮层比男性的大,但杏仁核部位则比男性要小。边缘系统是大脑中影响和产生情绪的重要结构，而这一结构在两性大脑中的不同，可以为男性和女性在情绪方面的差异提供一些证据。

一些研究者探究了杏仁核的激活状态在两性间的差异。杏仁核跨大脑左右半球，是产生、识别和调节情绪以及控制学习和记忆的脑部组织。在一项实验中，研究者要求志愿者回忆恐怖电影，并发现：在男性志愿者中，右杏仁核变得更活跃，在女性中则表现为左杏仁核更活跃。加州大学的神经生物学家拉里·卡希尔要求参与研究的志愿者们回忆他们看过的令他们激动的画面，结果同样发现，男性受试者在实验过程中用的是右侧杏仁核，而女性用的是左侧杏仁核。同时，男女受试者在回忆画面时的侧重也有所不同，男性侧重于回顾要点而女性则更注重细节的表达。卡希尔说："这些结果提示了我们，男性和女性的脑在处理情绪信息时所采用的机制是不一样的。"

更有趣的发现在于，在两性之间，大脑其他部位与杏仁核的协调作用也存在差异。在女性中，这些区域似乎是下丘脑及有关的皮质下区，而下丘脑的作用在于调控人体的应激反应及情感反应。而在男性中，杏仁核协调作用于大脑的有关运动及视觉区，运动区及视觉区被认为是在对外部世界的反应中发挥着重要作用。

总的来说，这些在脑机制方面的发现与我们对于男女情绪差异的认识是吻合的——女性的情绪表达更加频繁丰富，而男性的情绪表达较少但更强烈；女性喜欢用含蓄暧昧的方式表达情绪，而男性偏好简单直接；女性注重情绪感受，而男性更富于理性，重视行动和解决问题等等。

第四节 林黛玉为什么体弱多病
——情绪与健康

引言

> 笑一笑十年少, 忧一忧白了头。

我们对于《红楼梦》中的林黛玉都很熟悉, 她自幼苍白消瘦, 多愁善感, 终日郁郁寡欢, 年纪轻轻便因病而死。 她的病症跟她的情绪有关系吗?

案例

皇帝的"绝症"

从前有个皇帝得了重病, 整日卧病在床, 寝食难安。御医看到皇帝的身体情况每况愈下, 非常着急, 但他试了种种治疗方法, 都不奏效。最后,这位御医实在是束手无策了,干脆对着皇帝破口大骂起来。皇帝当然火冒三丈,立刻从床上跳起来,命令侍卫处死了这位御医。但是从此以后,皇帝的身体迅速好转起来,重新恢复了健康和活力。

问题探析

皇帝的病是怎么回事呢?

有时候,我们身体不健康并非因为疾病,而是受到了精神状态的影响,即所谓的"心病"。皇帝患的正是"心病",俗话说"心病还须心药医",御医的破口大骂虽然是无奈之举,但却意外地振奋了皇帝的精神,病情也就因此好转。

心理因素的确与人的身体健康关系密切。情绪作为一种重要的心理因素,同样与身体健康有着密切的关系。这能够被很多科学家发现证实。

深入阅读

(一)警惕:情绪影响健康

你也许听说过安慰剂。1955 年,毕阙博士首次提出了安慰剂效应。所谓安慰剂效应,就是指有时候面对一些健康问题,医生会给病人开一些没有什么实际效果的药物,如维生素等,同时让病人相信这是给他们的特效药。神奇的是,病人服用了这些明明没有任何疗效的药物之后,有时病痛却能够顺利缓解。这就是说,有时候仅仅是"相信自己能痊愈"这种心理状态便能够使他们的病情好转。这是心理因素能够影响身体健康的一个有效佐证。

为什么情绪会有这样的神奇功效?许多科学家认为,这是因为情绪会对人体的免疫力产生重要影响。如果长期处于紧张、焦虑等负面情绪之下，人们的免疫力会极大地下降。在经历了重大而不幸的人生变故之后，80％的人会在两年之内生病。有研究发现，人的免疫系统功能会在配偶死亡后出现明显降低，并且在短时间内无法恢复。还有人研究了情绪状态与疫苗接种效果之间的关系，发现在积极情绪中接受疫苗注射效果会更好。

应激状态能够极大地影响免疫力。所谓应激，是指在出乎意料的紧迫与危险情况下引起的高速而高度紧张的情绪状态。生活中许多情况都会使我们处于应激状态，例如丧失亲人、意外事故、遭遇重大自然灾害或者在与他人的竞争中失败等，这些原因导致的应激是恶性应激；有时一些积极的事件也能激发应激状态，比如中彩票，以及突然得到非常想要的礼物等，这些原因导致的应激状态被称为良性应激。应激对免疫力具有双重作用，适当的应激可以提高免疫力，但过强的应激（无论是恶性应激还是良性应激）却会减低甚至使免疫功能失效。

总之，我们的精神状态尤其是情绪状态，对身体健康有着非常重要的影响。林黛玉的疾病缠身，也确实在一定程度上归咎于她长期的不良情绪。

切记：坏情绪会出卖我们的健康！因此，我们在生活中要多注意调节情绪，多点积极，少些消极，这样才能避免自己的免疫力被削弱。当我们受到病痛折磨时，也要以积极的心态和乐观的情绪配合治疗，让身体恢复得更快更好，不要成为又一个林黛玉！

◎想一想◎

你在情绪糟糕时，有过头疼脑热、浑身乏力的情况吗？遇到这种情况时，又该如何应对呢？

（二）情绪与常见疾病

你知道吗，许多常见的疾病都与情绪有着密切的关系！

1. 情绪与肥胖

在全世界范围内，肥胖问题正变得越来越严重，很多青少年也深受其苦。肥胖不仅是爱美之人的大敌,还会引起高血压等一系列健康问题。你知道吗?很多时候,肥胖与人的情绪变化也是有关的。

比如,情绪会直接影响人的食欲。1974 年有一项研究表明,美国黑人妇女的肥胖症发病率要比白人中产阶级妇女高出一到两倍。令他们多食、爱吃甜食而发胖的原因有收入少、社会地位不稳定等许多因素。爱吃甜食、饮酒、多食、社会不良应激反应皆可促发肥胖症。50%肥胖症有周期性贪食现象,无法自我控制。

抑郁、焦虑等不良情绪既有可能令人毫无食欲,也有可能令人食欲大增,从而使我们发胖或者变瘦。在生活中有不少人就是这样患上了贪食症。许多人之所以贪食、爱吃零食等,往往是情绪焦虑、无聊、低沉、压抑等造成的习惯反应,是一种身心代偿现象。许多肥胖者在吃东西时肌肉能够很快放松,情绪也能够很快趋于平和。这是因为丘脑下部的食欲中枢紧挨着人的情绪中枢,当情绪中枢受抑制时,既有可能使食欲中枢呈现抑制状态,又可能使之呈相反的诱导性的兴奋状态,进而出现厌食或贪食的现象。

如果你也是因为情绪的原因而变得有些肥胖,可要留心调整好情绪状态了!多做运动是一个不错的控制方法,它既可以消耗掉身体内的脂肪,也对调节焦虑、无聊等情绪状态很有作用,可谓双管齐下。

2. 情绪与痘痘

相信不少青少年朋友都曾经或者正在受到青春痘的困扰。青春痘虽然常见,但同样是一种不容忽视的身心疾病,它可能会严重影响我们的学习、运动、人际关系和生活质量。那么,心理、情绪与青春痘有什么联系?

研究调查发现,长痘痘的人生活中消极事件出现率明显高于其他人。比如像我们青少年经常会遇到的学习困难、升学失败、人际关系紧张等消极事件,会严重影响我们的情绪,导致痘痘的出现。

不少青少年由于脸上长了痘痘,整天闷闷不乐,自卑自怜。可是这样下去,痘痘往往更难好转,甚至更加严重。对于这些青少年朋友们,最重要的就是改变心态,正确看待青春痘这种疾病。我们可以通过读一些有关青春痘的科普书籍,或向专业的皮肤科医生请教,加强对自身病情的正确认识,然后调整好自己的心理和情绪,更好地配合治疗。

认识到了情绪和痘痘之间的关系,我们就会知道,应该首先尽力维持良好、积极的生活态度,避免消极生活事件和不良情绪的发生。虽然生活中时常会碰到各种不尽如人意的事,但我们往往可以采取合理的态度去面对,从中找出妥善处理生活事件的方法。要记住,维持健康而稳定的心理状态,才能战胜青春痘!

3. 情绪与头痛

情绪与头痛有什么关系呢?很多人可能有过这样的经历,每当学习上、生活中碰到种种不快,或是生气、愤怒、激动、焦急之后,总会感到全身不适,头也隐隐作痛。这就是情绪性头痛。

头痛的产生经常与边缘系统有着很大的关系。研究发现,边缘系统是我们大脑中处理情绪的关键部位,含有大量的神经递质,它在肌体致痛和镇痛的过程中发挥着重要作用。当人们情绪激动时,所产生的感觉会被边缘系统接受,然后边缘系统将信号传向高级神经中枢,促使人体内分泌出某种化学物质,使血液中的致痛物质浓度增高,进而导致人体血压升高,血流加快,部分脑血管扩张,进而导致情绪性头痛。

头痛的流行病学调查还发现,头痛的发生与个性有关。情绪不稳定者极易出现头痛、偏头痛,患者中固执、猜疑、争强好胜者占一定的比例。因此,培养乐观开朗的性格,保持良好的情绪,是预防头痛的有效措施。

当然,如果头痛发生过于频繁,并且痛感剧烈,还是尽快就医为好!

4. 情绪与肠胃病

当我们精神愉快时,常会食欲大增,而忧愁、焦虑时,常会食欲不振。相信你也肯定有过这样的经验。焦虑、愤怒、忧伤、紧张、生气等不良情绪经常能使我们出现胃肠道不适的症状。为什么会这样?

胃肠道被誉为人类最大的"情绪器官",非常容易受到情绪变化的影响。人的肠胃功能受神经、内分泌系统的共同支配和调节,其所拥有的神经细胞数量仅次于中枢神经,对外界刺激十分敏感。众多负面情绪刺激,如压力、劳累、紧张、焦虑、抑郁等,都可能导致肠胃蠕动减慢,消化液分泌减少,出现食欲下降、上腹不适、饱胀、嗳气、恶心等消化不良症状,从而导致功能性胃肠病。

情绪对功能性肠胃病的影响,可分为急性应激和慢性应激两种。如果急性应激长期处理不当,就会逐渐发展成为慢性应激。在都市白领、学生等从事高强度脑力活动的中青年人群中,因不良情绪导致的功能性肠胃病发病率非常高,显著地影响着他们的生活质量。

那么我们如何应对情绪肠胃病呢?首先,要保持良好的心理状态,正确看待生活、学习中的各种挫折和困难,形成积极乐观的情绪;其次,养成良好的生活习惯,不要过度劳累,合理调整饮食,少吃刺激性强的食物;最后,如果肠胃不适的症状较严重,应在医生指导下适当服用药物。

5. 情绪与心脏病

1991年海湾战争期间,伊拉克对以色列发动了一连串的导弹袭击。导弹袭击期间,许多以色列平民不幸身亡,但奇怪的是,其中大多数人并没有受到导弹对身体的直接伤害。那究竟是什么害死了他们呢?答案是心脏病。与导弹轰炸有关的恐惧、紧张和焦虑情绪大大提高了心脏病突发的概率。

许多研究表明,情绪因素如愤怒、挫折、恐惧等与心脏病的突发有着十分密切的关系。愤怒时大脑会分泌大量激素,冲击心脏,并直接引起心室纤维颤动;激素还与动脉损伤以及血管壁上血小板等物质的沉积具有一定的联系。伤害性情绪的反复作用可能引起心肌纤维的损害,导致心脏功能出现障碍。由焦虑或愤怒引起肾上腺素分泌的突然增加,会使心脏中数千条冠状动脉分支血管收缩,迫使心脏以高速、迸发的跳动来补偿供血的不足。

科学家在一项对 1 600 人进行的研究后发现,人在大发雷霆后的两个小时内,心脏病发作的危险会增加一倍;还有一项研究报告提到,人在亲人死亡后 24 小时内,心脏病发作的危险会增加 14 倍;德国的一些研究者则发现,世界杯足球赛期间,当地急性心脏病的发病率提高了 2.7 倍。

可见,对于心脏病患者来说,负面情绪和过于剧烈的积极情绪都是十分危险的。那么心脏病患者该怎样从情绪上预防突发心脏病呢?要知道,谁也无法阻止生活中应激事件的发生,当心脏病患者突然进入应激的情景时,要提醒自己冷静,可通过深呼吸、冥想、静坐等方式放松神经,等平静后再逐步理清头绪,思考解决的办法。这些方法也同样有助于我们在突发事件后的心理恢复。

6. 情绪与癌症

癌症的治疗是科学家和医学工作者们至今仍然难攻下的课题,而它与情绪同样有着密切的关系。

20 世纪 50 年代,美国心理学家劳伦斯·莱香对一组癌症病人作了调查研究。他发现,癌症病人中有许多人从童年起便有过失去父母或亲属的经历,这使得他们养成了沉默寡言的个性。他们不爱交际,工作和生活缺乏热情,经常自怨自艾,郁郁寡欢。在他们的一生中,孤独悲伤等负面情绪常常伴随着他们。德国学者巴尔特鲁施调查了 8 000 多位癌症病人,也发现大多数病人的癌症都发生在失望、孤独和懊丧等这些严重的精神压力发生时期。

还有人对伦敦医院中的 160 位乳腺肿瘤病人作了观察(其中部分病人是癌症,部分病人则不是)。这些病人中,非乳腺癌患者中大部分都能无拘无束地表达情绪,而乳腺癌患者则更倾向于压抑他们的情感。20 世纪 80 年代,上海某医院调查 200 例胃癌病人,发现他们共同存在长期的情绪压抑和家庭不和睦。北京市有一组资料,用对比方法调查,发现癌症病人中过去有过明显不良心理刺激的高达 76%,而一般病人中有过明显不良心理刺激的只有 32%。

早在古希腊时期,盖伦就曾经指出具有抑郁、焦虑情绪的妇女更易患乳腺癌。而近年来,一些学者提出了 C 型人格的概念,这个名词中的"C"取自英文单词 Cancer(癌症)的首字母。这些学者认为,C 型人格者罹患癌症的概率比其他人更高。C 型人格最为显著的特征就是持续性的情绪障碍,包括情绪不稳定(特别是抑郁),内心痛苦时无法表达,总是忍气吞声、消极忍耐;因不善表达和发泄,焦虑、抑郁和愤怒都被严重地压抑着。医学上称这些情绪障碍为致癌情绪。

这种自我抑制的情绪容易导致免疫调节机能下降。慢性愤怒、压抑、焦虑、紧张等不良情绪使机体长期处于应激状态,通过神经、体液系统降低免疫功能,无法有效杀灭癌细胞,从而为癌症的发生创造了条件。拥有致癌情绪的人群,他们的癌症发生率是普通人的 2.3 倍。此外,还有学者认为,压抑、焦虑等这些消极情绪通过递质、激素可使细胞内调控正常增殖和分化的原癌基因转化为癌基因。

所以说保持良好的情绪状态,合理发泄消极情绪,对我们预防癌症是十分重要的。近年来,随着医学的不断进步,早中期的癌症患者已经有很大一部分可以治愈,而晚期患者的痊愈率也有所提高。因此,癌症并不完全算是"不治之症",癌症患者不能自暴自弃,要树立起信心,积极配合治疗才能达到好的疗效。

第五节 情绪之舟，我掌舵

引言

> 一个人如果能够控制自己的激情、欲望和恐惧，那他就胜过国王。
>
> ——［英］约翰·米尔顿

如果我们把情绪比作一叶小舟，那么我们便是这艘船的掌舵者。就像行驶在大海上一样，情绪之舟时而平稳，时而会受到狂风影响，颠簸起伏，这时你这个掌舵手就显得极为重要，要保证我们的情绪得到很好的控制，平稳度过狂风暴雨。你的情绪小舟行驶平稳么？你是一个合格的掌舵手么？

案例

是我的反应过激了么?

好不容易周末了,小刚睡了个懒觉起来,打开电脑,正要打游戏,妈妈走过来说:"本来就起晚了,还不快去学习。"小刚说:"我就玩一会嘛,不要催我"。过了一会,妈妈见他还没动静,就又走过来,略带着严厉的口气和小刚说:"小刚,还不去学习,现在学习这么紧张,你看你上次的考试成绩,物理就快不及格了,还不快抓紧时间……"——哐!小刚把杯子摔到地上,妈妈吓了一跳。"你有没有完了,一直唠叨,我学习怎么退步了?"小刚大声喊着,"你就知道说我学习,你到底是关心我,还是关心成绩,就在乎面子。"妈妈没想到小刚会反应这么强烈,一时不知该说什么好,只觉得好委屈,不由地掉下泪来。这个孩子,以前是从不会顶撞的,现在还摔东西,生气地走进自己的房间,没有出来。小刚也后悔了,自己也不知道怎么突然变得那么冲动呢,一时没控制住自己的情绪,惹得妈妈伤心,自己也很后悔。

◎想一想◎

小刚的反应是不是过于激烈了? 他是故意的么?

青少年:你有过这样情绪失控的经历么? 是什么事情引发的? 怎样控制自己的情绪?

家长:你的孩子平时情绪波动大吗? 你知道怎样帮助孩子控制情绪吗?

问题探析

小刚因为妈妈的一时唠叨,而变得不耐烦,认为好不容易有星期天,想放松一下,妈妈却还是一直紧逼自己。心情不好了起来,一听到考试,就更不高兴了,一时愤怒,他选择了摔杯子的行为来表达自己的愤怒,并且用过激言语回击给妈妈。这就属于没有很好的控制、管理自己的情绪。大家也看到了,这样做的后果就是让妈妈伤心不已,自己心里也难过起来。

小刚也后悔了,其实他也不是故意要这样做的,只是在气头上就忘记了。也有这样的同学,因为小的磕碰便大打出手,造成很恶劣的影响。可是当初只要双方都能宽容一点,也许一句小小的对不起就解决了问题。

青春期的我们,思维和认知能力发展还不是很完善,很容易冲动,不计后果,事后却又后悔所做的行为。正是因为这样,我们就更要有意识地去注意情绪的表达方式,管理产生的情绪,减轻不必要的后果和影响。

深入阅读

(一)面对波动的情绪,我能做什么

波动的情绪是否让你觉得不知所措了呢?情绪波动既然是情绪的正常现象,是不是我们就拿它没办法了呢?当然不是,你可以管理你的情绪。

什么是情绪管理?

每天我们都会产生很多不同的情绪体验,我们要去识别这些情绪,通过引导和控制,对生活中矛盾和事件引起的反应能适可而止的排解,以乐观的态度、幽默的情趣及时地缓解紧张的心理状态,使自己保持良好的状态。这个过程就是情绪管理。

在学习情绪管理前,你应该知道一些重要的观点。

• 观点一:情绪有好坏之分么?

情绪是我们对事物内在体验的表达,它本身是没有好坏之分的。根据情绪的体验,我们可以把它分为积极的情绪和消极的情绪,积极的情绪让我们精力充沛、心情愉悦,因而会产生好的效果。消极的情绪会让我们低沉,对我们造成不好的影响。

• 观点二:情绪管理就是要压抑消极情绪么?

既然消极情绪会产生不好的结果,是不是感觉到了消极的情绪就要压抑起来呢? 每个人都不可避免地会有消极情绪,考试前的焦虑紧张,做错事的懊恼,和同学发生冲突的愤怒,是不是都要把这些情绪压抑起来,强颜欢笑呢? 当然不是了,我们的心理承受能力都是有限的,压抑的消极情绪会让我们感到越来越重的压力,非常不利于健康。情绪管理就是要做到让这些情绪以合理的方式表达出来,消除它对我们的负面影响。

你现在的心情如何? 是欢乐、烦恼、生气、担心、害怕、难过、失望或者是平静无常呢? 还是你根本不懂自己的心情! 一早起来,也许你看到阳光普照而心情愉快,也可能因为细雨绵绵而心情低落;你也许因为上课没被点名回答而高兴,然而考试快到又让你担心……我们拥有许多不同的情绪,而它们似乎也为我们的生活增添了许多色彩。然而,有各种各样的情绪好不好呢? 应不应该流露情绪? 怕不怕被人说你太情绪化? ……其实真正的问题并不在情绪本身,而在情绪的表达方式,如果能以适当的方式在适当的情境表达适度的情绪,就是健康的情绪管理之道。

◎做一做◎

下面是几种情景,想一想你在这种情况下会有怎么的情绪,你会怎样表达?

情景一:同学打闹撞到你的桌子,文具散落一地,你会感到＿＿＿＿＿＿＿＿＿＿＿＿＿＿,你会这样表达＿＿＿＿＿＿＿＿＿＿＿＿＿＿＿＿。

情景二:发下考试卷子,同桌的分数比较高,而你考的不理想,同桌一把抢过去看,你会感到＿＿＿＿＿＿＿＿＿＿＿＿＿,你会这样表达＿＿＿＿＿＿＿＿＿＿＿＿。

情景三:放学后和朋友在外面交谈了一会,回家晚了,妈妈一直

在说这件事,你会感到＿＿＿＿＿＿＿＿＿＿＿＿＿＿＿＿＿＿＿,你会这样表

达＿＿＿＿＿＿＿＿＿＿＿＿＿＿＿＿＿＿＿。

（二）我们为什么要管理情绪?

美国的生理学家爱尔玛曾做过一个实验,他收集了大量的人们在不同的情绪状态下呼出的气体,经过冷却变成液态,称之为"气水"。他在这些"气水"里加入同一种化验水后发现,平静状态下的"气水"颜色没有变化,悲痛的"气水"出现了白色沉淀,而生气的"气水"出现了紫色的沉淀。实验人员又将"生气水"注入小白鼠身体里做实验,几分钟后,小白鼠就被毒死了。可见,生气这种情绪的威力了。正是因为像这样的负面情绪会对我们的身体还有心理有负面的影响,我们就更应该管理情绪。

有这样一个故事:

从前,有一个脾气很暴躁的小男孩。一天,父亲给了他一袋钉子,告诉他,每次发脾气时,就在后院的篱笆上钉一枚钉子。第一天,男孩就在篱笆上钉了 37 枚钉子。接下来的几个星期,男孩慢慢控制自己的脾气,每天钉的钉子逐渐减少。他发现,控制自己的脾气要比在篱笆上钉钉子简单得多。终于有一天,他全天都没有发一次脾气。于是,父亲要求他,如果某一天一次脾气也没发,就再从篱笆上拔一枚钉子下来。日子一天天过去,男孩终于拔出了篱笆上所有的钉子,他兴奋地告诉了父亲。父亲把男孩带到了篱笆边,对他说:"你已经做得很棒了,我的儿子,但是看看篱笆上的这些钉子眼,这面篱笆再也不能恢复到从前的样子了。当你生气而出口伤人时,你就会在别人的心里留下钉子。即使你最后收回了它,疤痕仍然存在。言语的伤害和肉体上的伤害是一样的。"

我们如果不去管理情绪,让情绪肆意的发泄出来,你想没想过可能对别人造成伤害,这种伤害也许是不能抹去和被原谅的。所以在

表达情绪之前,一定要想一想你的情绪会对别人造成什么影响。

相反的,积极快乐的情绪也会对他人产生影响,感染身边的人。

美国有一家医院,专门设有微笑护士的岗位,他们的职责就是让病人开心,给他们讲笑话,与病人微笑着聊天,微笑着给他们以安慰,病人接收到这样的正性情绪后,也渐渐愉悦起来,积极配合医生的治疗,神奇的是,他们觉得疼痛感都减轻了,病自然就好得快一些。

情绪对我们产生好的影响或者不好的影响,就取决于我们如何正确的管理情绪。情绪管理能给我们带来哪些益处呢?

- 帮助我们进行情绪的转变
- 更好地和朋友相处
- 减轻压力
- 提高自己的办事效率
- 快速摆脱烦恼
- 能更好地理解他人的感受

(三)情绪会传染

情绪是会传染的,一个动作、表情、手势、变化的语调等一些非语言信息都会起到情绪传递的作用。

关于情绪的传递,在心理学上有一个效应专门来描述这种现象,那就是"踢猫效应"。"踢猫效应"是这样说的:某公司董事长为了重整公司一切事务,许诺自己将早到晚回。事出突然,有一次,他看报看得太入迷以致忘了时间,为了不迟到,他在公路上超速驾驶,结果被警察开了罚单,最后还是误了时间。这位老董愤怒至极,回到办公室时,为了转移别人的注意,他将销售经理叫到办公室训斥一番。销售经理挨训之后,气急败坏地走出老董办公室,将秘书叫到自己的办公室并对他挑剔一番。秘书无缘无故被人挑剔,自然是一肚子气,就故意找接线员的茬。接线员无可奈何垂头丧气地回到家,对着自己的儿子大发雷霆。儿子莫名其妙地被父亲痛斥之后，也很恼火，便将自己家里的猫狠狠地踢了一脚。

别人的行为和你完全无关，可是你却经常接收到这类行为所产生的结果，其实，你只是刚好出现在别人发泄负面能量的地方。当别人怀着敌意指责你或对待你时，请保持正向的态度。要冷静、有爱心、保持好奇心。单是这样的态度就可能会协助对方转换成比较正向的状态。在合气道这种武术中，如果你朝我挥一拳，我会采取闪避，让那一拳挥空。我并不回应负面情绪。面对别人挑衅的行为时，这个方法非常有效。别浪费精力争吵。让对方体验他自己的情绪，别让你自己卷入对方的情绪中。如果有人攻击你，试着把爱传送给对方。这么做可以瓦解负面情绪，替你和对方创造可能性和机会。

在现实的生活里，我们很容易发现，许多人在受到批评之后，不是冷静下来想想自己为什么会受批评，而是心里面很不舒服，总想找人发泄心中的怨气。其实这是一种没有接受批评、没有正确地认识自己的错误的一种表现。受到批评，心情不好这可以理解。但批评之后产生了"踢猫效应"，这不仅于事无补，反而容易激发更大的矛盾。

负面情绪不但可以传染，而且还很有威力。你的负面情绪会传染给别人，别人的负面情绪也会传染给你。通常，动作的协调、表情、手势、语调等非语言信息在情绪传递中起着作用。一个眼神就能够传递出去情绪信息。要阻止这样的负面情绪连锁地反应下去，就要首先认识到自己情绪的来源。是因为什么导致了你的坏心情？找到根源，你可以写下来，并把自己的心情记录下来，然后运用一定的方法来排解掉这些负面情绪，这就需要掌握情绪管理的方法。

解决策略

情绪本身并无是非、好坏之分,每一种情绪都有它的价值和功能。因此,我们不必否定自己情绪的存在,给它一个适当的空间允许自己有负面的情绪。只要我们能成为情绪的主人,而不是完全让它左右我们的思想和行为,就可以善用情绪的价值和功能。在许多情境下,一个人应该泰然接受自己的情绪,把它视为正常。例如,我们不必为了想家而感到羞耻,不必因为害怕某物而感到不安,对触怒你的人生气也没有什么不对。这些感觉与情绪都是自然的,应该允许他们适时适地存在,并排解出来。这远比压抑、否认有益多了,接纳自己内心感受的存在,才能有效管理情绪。

我们把管理情绪的方法归结为情绪管理3W法。

1.WHAT——我现在有什么情绪?

情绪管理第一步就是要先能察觉我们的情绪,承认并且接纳我们的情绪。情绪来自我们对一些事情的看法体验和感悟,它是真实的,所以我们要接纳它的存在。只有当我们认清我们的情绪,知道自己现在的感受,才有机会掌握情绪,也才能为自己的情绪负责,而不是被情绪所左右。

2.WHY——我为什么会有这种情绪?

当情绪来势汹汹地出现时,第一步你先体会到了它。当你冷静下来时,就该问问自己,自己为什么会产生相应的情绪?是什么事件引发的?你当时的想法是什么?只是对这件事有看法还是把以前发生的事情也加了进来?在对情绪加以反思后,你会发现真正的问题所在,解开情绪的小疙瘩也就很轻松了。

3. HOW——如何有效处理情绪?

（1）正确分析情绪——ABC 分析法。

A 是指诱发我们情绪的事件，B 是指我们对这个事件的看法和评价，C 是指行为结果。

是 A 让我们愤怒、伤心、难过或者是开心、幸福、积极吗？其实，是我们的想法决定了我们的情绪。我们对事件进行积极的加工评价，我们就得到了积极的情绪，对事件进行消极的加工评价，就得到了消极的结果。

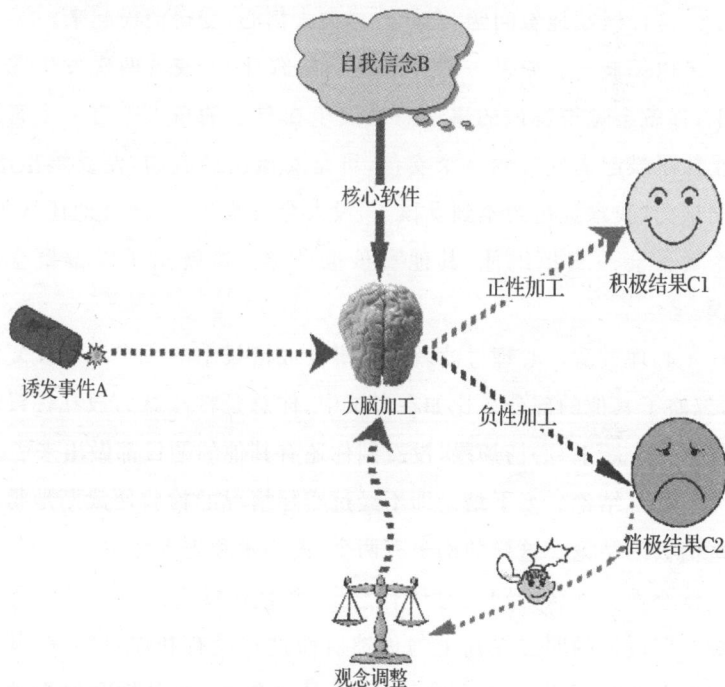

情绪 ABC 模式图

如果你还不是很理解情绪 ABC 的理论，那我们通过下面这幅图进行一个直观的认识。生活中发生的诱发事件（A）被我们的大脑所接受，在我们的大脑中会进行一个加工，而大脑加工有两种方式：正性加工和负性加工。决定我们到底是选择正性的加工还是负性的加工就在于一个很重要的因素——自我信念（B），即我们对事情的看法和评价。同一件事情，采用不同的加工，得到的结果就大不一样。

所以导致你消极情绪的就是不合理的信念。有哪些是我们应该避免的不合理信念呢？对照下面关于不合理信念的描述，看看你是不是经常用这样的想法来看待你身边发生的事情。

• 非此即彼。这是一种非黑即白的想法，往往是比较极端的。一个每回考试拿第一名的同学，因为一次考试失误，就认定这下我可完了。这样极端地看问题，会导致你失去信心，变得消极起来。

• 以偏概全。如果一件事情发生在你身上，或者两次发生在你身上，你就会觉得类似的事情总会发生在自己的身上。有一个害羞的小伙子鼓起勇气去约一个女孩，可是女孩已经有约，便委婉拒绝，他便认为"我永远也约不到女孩了，没人会喜欢我"。而且他还认为，这个女孩会一直拒绝他，其他女孩也一样。这就犯了以偏概全的错误。

• 心理过滤。心理过滤就是将事件或情景中的一个细节反复回想，忽略了其他的部分。比如在考试中，你总是将注意力放在你没做出来的几个题上，心情烦躁，没看到你还有其他的题目都做出来了。

• 妄下结论。妄下结论即不经过实际情况的检验便武断地得出一些消极的结论。这样的例子有两个，读心术和先人为主。

读心术。你认为别人对你有意见，并且你没有经过查证却深信不疑。假设你的朋友在街上与你擦肩而过却没有和你打招呼，其实他当时是想事情想得太入神了，没有认出你来，可是你会错误地觉得，"他居然对我视而不见，肯定是对我有意见了"，于是你也采取疏离的态度了，给你的人际关系造成负面的影响。

先人为主。这种情况就好像你未卜先知，提前就算好了结果一样。考试前试卷还没发下来，你就想"这次的题很难，一定有我没复习到的地方,我是做不出来了,我完蛋了",结果导致自己焦虑紧张,大脑一下空白了,可是试卷上只有 10 分的题是不会做的,却因为紧张,简单的也不会了。

• 放大和缩小。有好多同学经常会发生这样的情况,审视自己的时候,往往会将自己的缺点放大,觉得糟糕至极。"天哪,我居然犯了这样的错误,简直太可怕了,太糟糕了。"可是在考虑自己的优点的时候,却刚好反过来了,觉得自己无足轻重、渺小,不如他人那样好,这样的看法会导致你的自卑,但并不是你真的一无是处,只是你关注的点有问题了。

• 罪责归己。你认为某件不好的事情的发生罪在自己,都是自己的错误,是自己没用。罪责归己会让你产生愧疚和自责,给自己很大的责任感和压力,更加怕自己做不好。

• 应该句式。为了鞭策自己,你总是会对自己说,我应该这样,我应该那样,使自己压力重重,继而产生失望。当你把应该句式用在他人身上时,会给你带来不必要的失落,比如打扫卫生时,他就应该做得好一点,应该打扫得更加干净。这样的想法会让你对别人的要求苛刻,不利于和他人相处。

◎做一做◎

请你来分析下面的案例中,小强用了哪种不合理的信念,产生了什么样的情绪?

例 1:小强期中考试成绩不理想,看着成绩单他心里想,我本来应该能考更高的分数的,如果当时我在看书的时候仔细看一下那部分我就能答对那道大题了,真后悔。

_____

_____

例 2:老师给小强留了一个任务,让他查找一些有关的资料。可是到时间了,小强还没有完成,他怕老师责备他,认为自己做什么都不行，以后也不会成功，老师再也不会交给他任务了。

例3：吃完晚饭，小强的爸爸让小强去洗碗。小强心生抱怨，心里想，怎么总是让我洗，不让弟弟来做。小强气冲冲地把碗往洗碗盆里使劲扔，嘴里还嘟囔着："为什么要我干所有的活？"

（2）恰当地表达情绪。

情绪是自然的反应，我们都不可避免，尤其是当我们有了消极的情绪时，与其压抑，不如恰当地表达出来我们的情绪。

情绪表达存在着一个度的问题，我们表达情绪时要考虑对象、时间、场合等因素的制约。这些因素，既要传递信息，又要使对方能够接受，这样才能产生共鸣。情绪表达要考虑对方的特点，要根据对方的气质、性格等个性特点来选择情绪表达的方式与强度。如对方如果是外向型性格，直言快语，而你却用非常间接含蓄内隐的方式表达你的情绪，他可能感觉憋得慌，理解不了。不考虑时间因素，不分时间地点肆意表达自己的情绪是不成熟的表现。有时需要我们及时表达情绪体验，有时则需要延时来表达情绪体验。如别人的冲动蛮干惹得你不高兴，如果你立即向他表达，则无异于火上浇油。

一般来说，对于高兴、赞赏、支持、钦佩等积极情绪，应及时表达；而对于愤怒、仇恨、烦躁、厌恶等消极情绪则要延时表达。考虑情境因素、情绪表达还要看场合，要注意别人在特定场合下看到某种情绪表现后的内心感受。在无人的情况下你可痛哭一场或摔盆打碗，但要在公众场合，这样表达情绪就不行了。

（3）疏导缓解消极情绪。

我们意识到了自己的负面情绪以及它带给我们的影响，就要通过一定的方法来将负面情绪转变为积极的、好的情绪。有哪些方法可以帮助我们呢？疏导消极情绪，我们可以这样做：

• 方法 1:呼吸放松法

深呼吸，再慢慢地吐气。反复这样五次，你会感觉到自己的身体放松了下来，心情也逐渐平静下来。被激动的情绪冲昏的头脑也变得清爽了起来。这个时候再处理你的情绪，你就很容易接纳积极的情绪，将消极的情绪赶跑。

• 方法 2:暂时离开法

离开你现在所处的环境，换个空间给自己，也许你是暂时离开你当时所在的地方，也可以是暂时把烦恼的事抛开，先不纠结在那个问题上，去做一些你想做的或者你很感兴趣的事，让自己暂时和产生消极情绪的情景或者事情隔离开，这样积极的情绪就又找到了你，然后再用平静的心情去处理原来的不快。

• 方法 3:宣泄法

有时候你觉得消极的心情无法释放，不如就宣泄出来吧。这里要注意，我们要合理宣泄，不能把自己消极的情绪传染给别人。你可以以写日记的方式来一吐为快，也可以选择一种运动方式，比如打打球、跑跑步，运动过后你会发现自己的心情变得轻快许多。这个办法很好用，你可以试试看。

• 方法 4:音乐疗法

当你处在消极情绪的时候，不妨听听那些有力量的、舒缓的、轻快的歌曲和音乐，最好不要听悲伤的歌曲。在音乐声中慢慢地转变自己的想法，让好心情重新陪伴你。

• 方法 5:转换思维方式

一个普通的苹果，如果你只是用普通的方法纵向切，它的核只是分成了两半，可是当你横着拦腰切下去，你会发现原来里面还藏着一个五角星！放下你一直坚持的想法，换一个角度看问题，也许你就会发现,其实有时候自己所烦恼的事情还有另外的一面,你的心情也就会随着转变。

• 方法6:倾诉法

将心中的委屈、压抑、担心、焦虑统统说出来,说给那些愿意倾听,并且真心实意帮助自己的人。如果难于启齿就写下来。总之,只有吐露那些困扰自己的东西,你才能感到踏实。在找他人倾诉时,不要只是一味地抱怨别人的不好,更重要的是将自己内心的感受讲出来,这样才有助于我们认清问题,并解决问题。

自我反思

每天发生的很多事情会让你产生各种复杂的情绪体验,要做到对这些情绪的管理也需要一个过程。为了更好地管理你的情绪,你需要在每一天结束前给你的情绪做一个日记,回想你是怎么做的,如何下次做得更好。

下面的表格就是情绪日志,你需要在事件一栏中写下发生的事情,在想法中写出你当时真实的感受。反应一栏分为三个部分:情绪反应、生理反应、行为反应。最后,你要把这件事的结果记录下来。

我们一起看看小刚的情绪日志。

时间	事件	想法	反应			结果	反思
			情绪反应	生理反应	行为反应		
2013 年 9 月 16 日	妈妈叮嘱我去学习，我一时生气摔了杯子	我只是想休息一下，妈妈唠叨的事情我都知道	愤怒，不耐烦，事后后悔	身体有些发抖	摔了杯子，和妈妈顶嘴	妈妈很伤心	
年 月 日							
年 月 日							

我的情绪日志：

时间	事件	想法	反应			结果	反思
			情绪反应	生理反应	行为反应		
年 月 日							
年 月 日							
年 月 日							

第三篇　狂风暴雨般的青春

——我们的消极情绪

我们正如期地走进青春,成为青春的主人,这个让人们赞美和怀念的时期,在你看来是什么样子的?

你的青春也许充满能量,阳光灿烂,也许有着成长的烦恼,不知该如何是好。走在青春的天空下,你有时感叹为什么没有人懂我,感到内心的世界很孤单,心里的话没人去诉说。有时,你就像一个太阳,有用不完的能量,你也喜欢极了这个温暖的你。可让你也不理解的是,有时候这个可爱的你或者是你身边的同学朋友怎么像愤怒的狮子一样,情绪那么暴躁。

青春的情绪就像过山车,激动的时候,直冲轨道的最高点再冲下来,紧张刺激;平静的时候,又风平浪静。这一篇,我们挑选了几种常见的坏情绪:淡淡的忧伤、愤怒的炸弹、内心的孤独、无法面对的恐惧、难以抑制的焦虑和比较中的嫉妒。

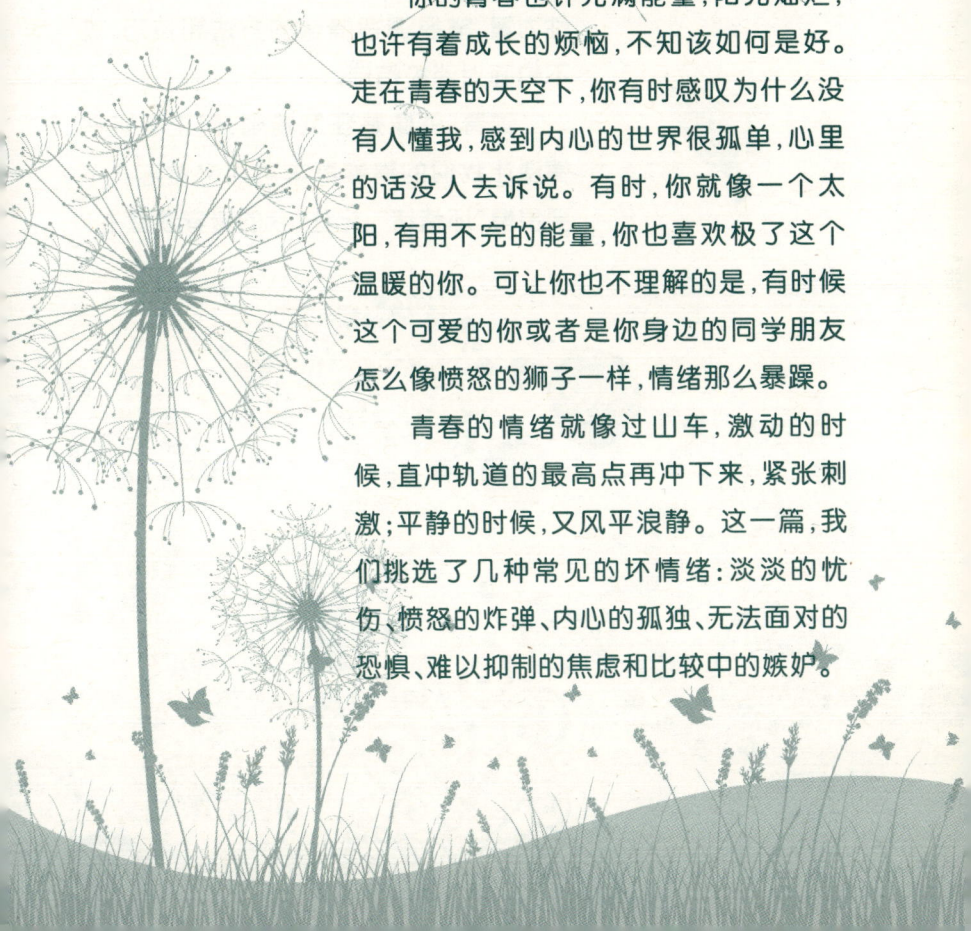

"坏情绪"就像挡在我们前进路上的绊脚石,给我们带来阻碍。面对纷繁复杂的社会生活,"坏情绪"总会出现,难以避免,但是只要我们充分利用积极情绪的正性力量,掌握调适情绪的方法和技巧,就不怕面对消极情绪。

　　青春,就像是狂风暴雨,但正是这些情绪让我们的青春既丰富而又难忘。不要畏惧"坏情绪",记住,我的青春我做主!

第一节 青春是一抹淡淡的蓝——忧伤

 引言

忧伤会减少或者妨害一个人行动的力量。

——[荷兰]斯宾诺莎

青春是一段五彩斑斓的时光，有白色的纯洁，红色的激情活力，碧绿的希望，黄色明亮的快乐，灰色压抑的难过，也有蓝色淡淡的忧伤。秋风落叶残阳走进我们的心里，激起层层涟漪，失落悲伤难过是不可避免的体会，但也会留下珍贵的回忆。青春既有明媚，又有忧伤，也许正是因为这样的忧伤才让我们的青春更加回味无穷。

让我们一起走进青春的忧伤，认识青春的忧伤。

 案例

玲玲的来信

最近,有一位同学给心理老师写信,倾诉了自己情绪上的苦恼。曾经活泼的她最近变得伤感了起来,有一种说不出的忧伤。我们一起来看看这位同学的苦恼,并想一想她为什么会这样,你有过这样的体会和变化么?如果你是她的朋友,你会对她说些什么?你有没有办法帮助她走出她的困境?

老师:

您好!我是一个刚上初二的女生。我从前的性格很开朗,成绩也还不错,有很多朋友,我也很愿意和大家一起玩,一起学习,每天过得很充实。在家里我与父母关系也很融洽,我有什么心里话都会和爸爸妈妈讲。但不知为什么,我最近总是时不时地觉得忧伤,走在路上的时候,看到有落叶心里就会感到一阵失落,就会联想到伤感的离别,又好像自己也像树一样,失去了什么东西,空落落的。听到屋外下雨的声音我也会莫名地忧伤起来,好像自己也有伤心的事,心里下起雨来。听到伤感的歌曲的时候,我特别能感同身受,很容易进入情境,随着歌曲忧伤起来,仿佛歌里也是我的情绪。甚至和很多朋友在一起的时候,我也会突然感到孤独,看着朋友们吵吵闹闹,可是好像我的世界是安静的,参与不到热闹的人群中。有时候也没兴趣和同学们出去玩,想沉静在自己的世界里。回到家中,也不太愿意说话了,爸爸妈妈很担心我,问我到底怎么了,我只能和他们说没事,然后就没有交流了。其实我也不知道到底为什么,只是,一曲伤感的音乐,一段伤感的文字,一个伤感的画面,一个感人的镜头,就会有淡淡伤感悄悄袭上心头,而这些忧伤又找不出原因来。最近我总是提不起学习的兴趣来,内心感到寂寞和疲惫,有时候总有一种想流泪的冲动,但是在人前我不能哭,自己一个人的时候,会有酸酸的感觉,有时候会不自主地流泪。朋友也渐渐不叫我一起出去玩了,看着他们我很想加入,但是就是看着他们的时候,我就觉得更加寂寞和哀伤。现在这种情绪经常出现,有点频繁,我很担心。老师,我是不是有心理疾病了呢？请问老师，我该怎么办呢？

您的学生：玲玲

◎想一想◎

（1）玲玲感觉到忧伤的时候，有什么样的表现？

（2）她真的是有心理疾病了么？

青少年：你有过类似的忧伤情绪么？你在什么情况下会体会到这种情绪？如果你是信中女孩的朋友，你会怎么帮助她走出忧伤呢？

家长：进入青春期，你的孩子有没有表现出消沉和被动？孩子出现忧伤的情绪时，你该怎样和孩子沟通？青春期的忧伤情绪是正常和自然的情绪体验，如果这种情绪持续时间很久，是否是一种危险的信号呢？

问题探析

很多同学都会有像玲玲这样的困扰，会莫名地感到悲伤忧郁，可是说不出到底是什么原因，很容易受到暗示，也很容易触景生情。不像以前那样活跃了，和爸爸妈妈的关系也不再是无话不谈了，因为你觉得爸爸妈妈根本就不懂你的心情。有时候，和同伴一起玩的时间也少了，更多的时候是自己一个人看书、听音乐，来排解自己的那份忧愁。

如果你也有这样的情绪体验，说明你正在成长的道路上又迈进一步，不必紧张和担心，忧伤是我们的人生进入青春期后一个自然的过程，这是由这一时期的特点所决定的。我们的心理逐渐地成熟起来，对这个世界，对周围的人和事物都会有我们自己的看法和理解，有自己的感受。带着这样的成长，我们难免会产生忧伤的情感，甚至有时会产生逃避的想法。这时，你应该多和朋友交流，和好朋友谈谈心里的感受。我相信你的好朋友一定能懂你的心情，做一个很好的倾听者，而你会发现，好朋友也会有这样的情绪，你不是孤单地感受这个世界的人。

玲玲在信中说，她很苦恼，因为她发现最近这种情绪来得更加频繁，影响也越来越深，给她带来不小的困扰，影响到了学习的兴趣，注意力也没有办法集中了,和以前的好朋友的关系都有些变化了,有些疏远了。那玲玲到底是不是有心理疾病了呢?

我们说,忧伤的情绪是我们每一个处在青春期的人都会有的一种经历、体验,只是程度不同,有的人只是偶尔会浮上心头一点点忧伤,但是他会让它很快就过去了,也有的人更加敏感,总是会在各种情景下,被忧伤侵袭。这些都是自然和正常的。但是,如果你的这种情绪持续的时间特别长,一般在两个星期以上,你都无法自己摆脱这种情绪的困扰和纠缠,那你就要警惕了。你需要寻求同学朋友、家长和老师的帮助,把这种情绪主动说出来,说出你的感受。同学也许曾经像你一样有类似的经验,但是他走了出来,可以给你建议和帮助;老师家长毕竟阅历丰富,对事物的理解更加全面,可以帮助我们看得更宽广,更加清晰,能够很好帮助我们解决自己的困惑。此时,我们的这种困扰,不是所谓的心理健康疾病,还是属于正常的范围。不要担心害怕自己有病了,而更加封闭自己。要像玲玲一样,及时求助于心理老师。

深入阅读

(一)你的忧伤是什么?

在画家眼中,忧伤是一抹淡淡的蓝;在音乐家的眼里,忧伤是一段伤感的旋律;作家的笔下,忧伤是一段哀愁的文字。你心中的忧伤是怎样的一种表达呢?

忧伤让我们体验到忧愁、哀伤、悲凉,有时又伴有烦躁和不安。通常,忧伤还会伴随着如孤独、寂寞、压力、心烦意乱等等一些负面的情绪。忧伤是一种心境,它具有一定的弥散性,就像是我们在宣纸上滴一滴墨水,晕开来一大片,扩大了范围。

人在忧伤的时候身体内会分泌产生出一种"毒素",当然,这种"毒素"不会对我们人类有太大的伤害,但是,这种"毒素"会导致我们的心情更差,还可能会伤及身心。如果我们忧伤过度,还会伤及内脏器官,长此以往,可能还会对我们的心理健康造成威胁,诸如抑郁症等心理上的障碍。所以,我们还要警惕长时间难以自拔的忧郁。

关于忧伤情绪的事实:

成年人也有忧伤的情绪。

产生忧伤的情绪是自然的。

心情忧伤的时候我们会感觉难过、伤心、低落、疲倦。

也许有一天你会感到非常忧郁伤感,但是第二天你自然会感觉好多了。

有时心情忧伤过后,紧接着会感到精力充沛,或是感到兴奋。

心情忧伤时,你会忽略一些平常经常做的或者是重要的事。

心情忧伤时,很容易产生别的不好的想法。

长时间陷入忧伤中是一种危险的信号。

(二)当我们忧伤时,我们是什么样子

表现一:悲秋情绪

秋季本是喜庆丰收的季节,但是有些同学看到秋风萧瑟、千树落叶、万花凋谢,就会悲观失望、情绪低落,内心感觉很凄凉、郁闷,甚至上课时都提不起精神来,总是一副郁郁寡欢的样子,这就是所谓的"悲秋情绪"。

为什么会有悲秋情绪呢?

其主要是因为青少年时期,我们的性格比较敏感,对外界环境的变化就敏感一些,加之我们的情绪也比较多变、不稳定,所以环境的变化对我们的影响很大。其实,"悲秋情绪"对成年人也有一定的影响,只不过成人对自我的关注,对情绪的关注没有那么强烈,因此,成年人不会去反复玩味这种感觉。但是青少年正处于一个探测自我、关注自我的时期,因此,会用心去体会自己的这种情感。

另外,这也是季节对我们生理的一种细微的影响。夏天是一个充满能量的季节,阳光的照耀也让我们心情明朗;转入秋天,事物都开始逐渐变得消沉,我们身体里的激素也会发生变化,影响着我们的

心情，所以，这个季节，敏感度高的人就会容易产生忧伤的情绪。

再有，人们常常把秋赋予悲凉的意义，而我们很容易接受这种心理暗示，将秋和凋零等联系起来，这样就更容易出现这种悲秋情绪。

因为我们的敏感，不止秋天这样的天气会影响我们，其他外界的事物也很容易影响我们。比如，一篇伤感的文章或者小说，一首悲情的歌曲或者音乐等等。

读一读这首诗，你体会到了什么？

雨 巷

戴望舒

撑着油纸伞，独自
彷徨在悠长、悠长
又寂寥的雨巷
我希望逢着
一个丁香一样地
结着愁怨的姑娘

她是有
丁香一样的颜色
丁香一样的芬芳
丁香一样的忧愁
在雨中哀怨
哀怨又彷徨

她彷徨在这寂寥的雨巷
撑着油纸伞
像我一样
像我一样地
默默行着
冷漠、凄清，又惆怅

她默默地走近
走近，又投出
太息一般的眼光
她飘过
像梦一般地
像梦一般地凄婉迷茫

像梦中飘过
一枝丁香地
我身旁飘过这女郎
她静默地远了、远了
到了颓圮的篱墙
走尽这雨巷

在雨的哀曲里
消了她的颜色
散了她的芬芳
消散了，甚至她的
太息般的眼光
丁香般的惆怅

撑着油纸伞,独自　　　　　我希望飘过

彷徨在悠长、悠长　　　　　一个丁香一样地

又寂寥的雨巷　　　　　　　结着愁怨的姑娘

表现二:行为变得消极迟缓,喜欢独处

"玲玲是我的好朋友,以前她很活泼,可是最近,我发现她和我们玩的次数越来越少了,更多的时候是自己坐在那里,听着音乐发呆。也不像以前那么能说,把发生的有趣的事讲给我们听。前天,我找她去逛街,可是她拒绝了,以前她是很爱逛街的呀。我真的很担心她,其实我很想分担她的苦闷,可是她什么都没和我说。"

这是玲玲的好朋友发现的她的变化,很多像玲玲这样的同学都会有这样一个共同点,那就是喜欢独自一个人,行为不再是积极好动的了,反而安静下来。因为,此时我们的心境是低落的、消沉的,这样的心境,会影响我们的行动上的积极性,所以我们感到提不起精神去参加一些活动,或者从事一些我们比较感兴趣的事情,和周围的人交流也变得少了。

不如试着迈出第一步吧,第一件事就是找朋友,让朋友带着你一起去活动活动。你们可以出去到操场上晒晒太阳,或者一起去校门外面吃香喷喷的好吃的,不管是什么,当你走出第一步后,你会发现,忧伤变得脆弱不堪,一击就碎。不久,你的好心情就又会回来与你为伴了。

表现三:心情忧伤的时候会随之产生消极的想法

忧伤情绪产生会伴随着低落、孤独、消沉,往往这个时候更多的消极情绪也更容易产生,会让你暂时快乐不起来。

倩倩和好朋友闹别扭了,几天不说话。倩倩想着平日关系很好,现在因为一点小事就生气了,让她很难过。放学了,看到好朋友和别的女生走在一起,不免鼻子酸酸的,感到很忧伤。自己一个走着走着,不由又伤心起来,心里想是不是没有人喜欢我,为什么我总是这么失败,她就没有错么,我再也不想交朋友了。

倩倩只是和朋友闹了别扭，朋友之间因为一些小事这样是很正常的，难免有磕磕碰碰，找到朋友解释清楚就好。可是倩倩却认为是自己不可爱，不受欢迎，甚至觉得自己是失败的，这些就是消极的想法，会让我们的心情更加沉重起来。

（三）揭开忧伤情绪的面纱

不仅仅是青少年想知道自己为什么会产生忧伤的情绪，我们的家长和老师也在思考其中的原因，为的是能更好地帮助学生克服这一时期的困境。那么，下面我们就全面的来分析一下这种情绪背后的故事，揭开它神秘的面纱。

1.青春期发展特点的原因

因为青春期处于一个不稳定的心理状态，生理方面和思想方面都趋于成熟变化时期。青春期阶段是个转折和过渡期，这个时候的我们对自己、社会、父母和老师的价值观以及整个世界都产生了怀疑，想自己试着来判断是非对错，有自己独立的想法和观点。同时，进入青春期时，人会变得敏感，心理也会比较脆弱。这个时期的人们总会开始不经意地观察一些小事，使自己的情感产生微小的变化。敏感脆弱的人自然就会伤感和感动，这两种情绪正好是最细腻和真实的情绪表达。

2.性格、人格特质的因素

文学巨匠曹雪芹的笔下塑造了一个人物，大家可能都很熟悉吧？对，就是"天上掉下的林妹妹"林黛玉。她多愁善感，常常为一些小事而伤感流泪。花开花落本是自然界常有之事，黛玉却能够将之联想到自己，不由心生悲情，想到了人生的悲欢离合、聚散无常，上演了黛玉葬花的一幕。感兴趣的同学可以读一读她的葬花词。

什么样的人更容易产生忧伤的情绪呢？

内向的性格。性格内向的同学更多的时候是安静的、内敛的。

对事物有着更加细致的观察力，能够注意到很多细节。并且性格内向的人往往更多关注内在的一些联系，所以，即使是微小的事情也能走进心里比较柔软的地方。

容易自卑的人。有些同学对自己不自信，觉得自己什么事都做不好，认为自己能力不够，不如别人优秀，于是对自己的评价会变低，感觉很多事是自己不能控制的。这样一来，就会情绪低落、伤感，产生忧伤的情绪。

不同气质的类型。人的气质可以分为胆汁质、多血质、黏液质和抑郁质。气质类型没有好坏之分，不同的气质类型有不同的表现。胆汁质的人精力充沛，情绪发生得快而且强烈。多血质的人活泼好动，善于交际。黏液质的人安静沉稳，抑郁质的人深沉、善于观察、敏感，这两种类型的情绪的发生都是缓慢持久的。所以后两种气质特质更容易忧伤。林黛玉就是属于典型的抑郁质。

3.情窦初开的烦恼

青春是人一生中最难忘的一段岁月，因为在这段岁月里，埋藏着你单纯而苦涩，朦胧而美好的情感。你也可能会发现自己的异常，在异性同学面前会非常在意自己的外表和言行，女生希望男生看到的是一个漂亮温柔的形象，男生则更希望在女生面前表现自己的男子气概、幽默。这是自然的现象，因为我们开始萌发了这样的意识。但是不可避免的，你会对异性产生好感，希望能够得到 TA 的青睐，又害怕表明心迹后遭到拒绝，也会担心受到同学的嘲笑、家长老师的责备。在这个情窦初开的年纪，情感刚刚萌发出嫩芽，不知该怎样处理，因此会在感情的问题上产生忧伤的情绪。

我们渴望得到异性的注意，异性的交往也是很有必要，但我们更要把握一个度，维护好纯洁的友谊。把这份纯真的情感放在心里，在与异性交往中，记得尊重他人，保持适度的距离，让你的忧伤明媚起来。

(四)情绪低落是抑郁症吗?

情绪低落是抑郁症的一种表现,但不是出现情绪低落就是患了抑郁症。

青春期抑郁症属于青少年情感性障碍范畴,是以持久的、显著的情绪异常(高涨或低落)为基本症状的一种精神疾病。表现为长期抑郁伴有言语思维和行为改变。在缓解期间精神活动正常,有反复发作的倾向。

许多因素会导致抑郁症,太大的压力、突发的生活变故、心理创伤等原因会导致抑郁症。科学家研究发现,大脑中某些化学物质的分泌不足也会导致抑郁症的发生。

发现和治疗抑郁症是非常重要的,因其带来的潜在的后果是非常严重的。抑郁症会影响正常的生活,导致学习成绩的下降。抑郁症患者往往闷闷不乐,爱发脾气或者不爱说话,和家人朋友的关系也慢慢疏远。另外,抑郁症很容易出现暴躁易激动的情况。更为严重的话,会产生轻生的念头。

对抑郁症的判定:

有时候,情绪低落和抑郁症很难区分,下面的症状可以用来诊断是否患有抑郁症。如果有人在两周或两周以上的时间内,出现下面描述的 5 个或 5 个以上的症状,那他就很有可能陷入抑郁症中。

- 经常伤心,流泪。
- 对自己的评价过低。
- 感到绝望,无力。
- 经常感到自责或者不中用。
- 和朋友的交流减少,不愿说话。
- 对什么事情都提不起兴趣。
- 不参加任何活动。
- 感到焦虑、紧张、易怒或者容易发脾气。

- 有对抗、冲动、攻击行为。
- 身体感到不舒服,如头痛、胸闷、食欲不振等。
- 睡眠有障碍或者睡眠习惯发生重大的改变。
- 想离家出走。
- 产生自杀的念头。

学会区分情绪低落和真正的抑郁症是非常关键的。那么如何区分呢?

(1)忧伤是一种正常的心理情绪体验,而抑郁症的程度超出了正常的范围。

(2)抑郁症会伴随有明显的身体症状。

(3)持续时间上,忧伤的情绪很快可以在自我调节中消除,但抑郁症的低落会持续很长时间,并且出现反复。一般的诊断标准为持续 2 周以上,每天抑郁 3 个小时,每周 3 到 5 次。

(4)每个人都会有情绪低落的时候,但是这往往是因为某件事而引起的,有时这种情绪会持续,但不是抑郁症。比如你的好朋友因为搬家而转学了,你会在一段较长的时间内感到失落,这是正常的。

(5)另外一个重要的区分是,是否严重影响到了你的学习和生活。如果你可以正常学习和生活,你就会有意识的通过锻炼来解决你的情绪上的问题,但是当你感到这种情绪严重到你不能适应学校的生活,甚至产生厌世、自伤情绪的时候,就一定要求助于专业的人士了。

得了抑郁症的青少年还可能会出现其他的一些症状。比如,他们很容易被激怒,发生一些冲撞甚至暴力行为;对什么事情都是一副不在乎的样子;认为生活没有意思;对环境的适应能力下降,产生逃避和退缩的行为。

抑郁症是一个不容忽视的问题,及早的发现有利于治疗。如果你感觉自己有这方面的倾向,那么要到专业的机构进行诊断和治疗。

◎测一测◎

青少年忧郁情绪自我检视表(适用于18岁以下青少年)

若该句子符合你最近两周的情况,请勾选是;若不符合,请勾选否。	是	否
01.我觉得现在比以前容易失去耐心		
02.我比平常更容易烦躁		
03.我想离开目前的生活环境		
04.我变得比以前容易生气		
05.我心情变得很不好		
06.我变得整天懒洋洋、无精打采		
07.我觉得身体不舒服		
08.我常觉得胸闷		
09.最近大多数时候我觉得全身无力		
10.我变得睡眠不安宁,很容易失眠或惊醒		
11.我变得很不想上学		
12.我变得对许多事都失去兴趣		
13.我变得坐立不安,静不下来		
14.我变得只想一个人独处		
15.我变得什么事都不想做		
16.无论我做什么都不会让我变得更好		
17.我觉得自己很差劲		
18.我变得没有办法集中注意力		
19.我对自己很失望		
20.我想要消失不见		

(注:此为忧郁情绪检视表,并非忧郁症的诊断,有相关忧郁情绪倾向请向专业的心理医生寻求协助。)

计分方法:

"是"——1分;"否"——0分。

解释说明：

5分以下：你真的不错喔！忧郁程度蛮低的，平时就知道要如何调整情绪及纾解压力吧。继续保持下去，别让忧郁情绪发酵！

6～11分：最近的心情是不是起起伏伏，有些令人烦恼的事？要不要试着把问题及感受向自己信任的人（例如朋友、父母或师长）说出来，一起讨论解决的方法。他们的经验会带给你不同的想法！你也可以做些愉快的事，多做腹式深呼吸，每天运动，保持活动的习惯，让自己有活力！或是和朋友一起做些愉快放松的事，转移注意力，冷静一下重新出发，忧郁情绪不再有。

12分以上：是不是已持续一阵子都闷闷的？觉得步伐、肩膀很沉重，或是常常担心很多事，很焦虑？你的忧郁程度已经颇高了，需要好好注意了。赶快把自己的情况告诉学校的辅导老师或专业机构，请他们给予协助，求助不代表你不行，反而表示你聪明得善用资源！

解决策略

策略一：深呼吸，放松自己的心情

你是否有过这样的体验，当你感到紧张的时候，一个很好的缓解办法就深深呼吸几次，你会感觉心情放松下来了。这是因为我们的情绪和身体是相互影响的，当你感到忧伤时，也会感觉身体疲惫，不愿意活动；而通过深呼吸的作用，你可以放松身体的紧张感，缓解疲劳，平复心情，排解压力，还可以让你的头脑更加清醒，更好的思考。

深呼吸为什么能达到这样的效果呢？

（1）深呼吸时，我们会吸入比平时正常呼吸更多的氧气，排出大量的二氧化碳。我们的大脑很是喜欢氧气，在氧气的作用下，各个神经系统也就都活跃起来。你的身体也会接收到神经系统发来的指示，跟着活跃起来，一扫你忧伤的心情，变得清爽起来。

（2）深呼吸能够转移我们对压抑环境的注意力，并且提高自我意识。深呼吸时，你可以专注于那一吸一呼中，想象那些令你忧伤的事情正在一丝丝从你的口中吐出，而令你轻松高兴的情绪也化成一丝丝气体，正通过呼吸进入你的身体，并迅速钻进你的每个毛孔，令你觉得身体是向上的。轻快起来，心情上的一点乌云也就随之而散了。

（3）深呼吸使我们能够恢复并保持镇静，让我们重新控制情绪。这个时候，你的自我控制能力要比你处在忧伤情绪中的时候要强，帮助你更好的控制自己的情绪，一些积极的想法也更容易在这个时候出现，告诉自己你应该要做些什么来转换心情，也更有活动的动力，而不是什么都不想做。

为了体验深呼吸带给我们情绪上的缓解，你可以做这样一个小活动，活动的名字叫做"助纸一气之力"。准备一张面巾纸，找一面平整的墙面，把纸平铺到墙上，高度在你嘴的位置，你与墙距离三四厘米。都准备好了，接下来放开你的手，深呼吸，对着面巾纸吹气，用气流维持面巾纸在墙上不掉下来，维持的时间越长越好。记住，每次吹之前都要深深地吸一口气。这里告诉你一个小细节，就是要用腹式呼吸法做深呼吸。所谓腹式呼吸法，就是吸气时鼓起肚子，呼气时充分将腹部排空。排空了即可，大可不必为了延长时间而进行憋气，反而对身体不好。

所以，当你感到心情低落的时候，就深呼吸吧。

策略二：将忧伤化为文字

有时候，你会感觉那种淡淡的忧伤久久留在心中，不知道该怎样来表达。这时，你可以将这种情感化成文字，将它写到日记里。日记本是你自己的私人领地，在这里，你不必考虑其他人的看法，只面对真实的自己，把心里的感受变成文字，宣泄到纸上。写日记时，不必要在乎言语的优美，或是陈述的顺序，你只需要将你此时此刻的感受写下来，忠于事实。运用这样的方法，有这三个方面：陈述事实，陈清情感，分析这种情感。陈述事实即记录发生的事情，陈清情感即认清自己的感受,分析情感即在认识到的情感之上找到原因,并给自己找到解决的方法。

也许你是因感叹时间匆匆流逝而伤感,你会想到,时间是不会为谁而静止的。孔子在山川上也有过这样的感叹:"逝者如斯夫,不舍昼夜。"正是这样,就更要抓紧每一分时间,让每一分都充分的利用,学习的时候就专心学习,玩耍的时候就尽兴地玩耍,这样想,你便开朗了许多,忧伤的情绪就会化为你的动力,让你更加珍惜现在的生活。也许你为那个你暗恋的他而忧伤难过。你知道那是不能张扬的情感,要埋藏在心里。每天都记录今天他的一举一动,远远地看他,猜测他此刻的心情。日记本可以成为记载你心思的地方,你的忧伤来自于很多方面,比如你不知道他是不是也喜欢你,你知道现在是应该以学业为重,家长老师希望你能专心学习,你又担心同学们异样的眼光,更怕他知道了会躲避自己。不如把喜欢一个人的心情以及那份淡淡的忧伤留在日记里珍藏,开心努力地学习和生活,让活力和阳光,照亮自己的青春。也许你因为一次考试的成绩没有考好陷入了忧伤的情绪里,你可以把心里的低落写在日记里,真实地面对自己,对父母你可能会感到愧疚,你也怕老师的失望不再重视你,你也可能担心他们的嘲笑,种种心理给你造成压力。可是,你要分析,父母对你的爱不会因为一次考试的失败而更改,老师的失望只因你这一次没有好好地努力,他还是相信你有实力能更好,同学的对比更说明他们自己的不自信,而你要做的就是不再纠结这次的结果,把握好下次机会。

也许你还有其他的忧伤,把它们写在日记里,不仅能把这样的情感宣泄出来,更重要的是,宣泄出来后,你会看到这种伤感情绪的背后是你的一颗积极的心,就像乌云散去后的阳光,让生活充满活力,而不是忧伤。

策略三:转移注意力,淡化忧伤情绪

看看下面的这幅图,你看到了什么?

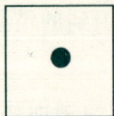

你会第一眼就发现中间一个黑黑的圆点，因为它很显眼。可是你有没有注意到除了它，还有大片的白在周围？

一位心理学家曾这样比喻注意力，"注意"是我们心灵唯一的门户，意识中的一切，都要通过它来进入。有时我们久久不能走出忧伤的情绪，是因为我们一直给予这份情绪高度的注意。注意力集中在忧伤的情绪上，会让你反复的体会忧伤的情感或者想起让你忧伤的事情，使它缠绕着你。一个很好的办法，就是转移你的注意力，将这扇窗所关注的"景象"变换一下，忧伤的情绪得不到注意也就慢慢变淡了。

试试以下几种形式：

1.离开你的座位，到外面走走

你有没有觉得在忧伤的时候，变得不愿意动弹，在自己的座位上一坐就是一天，回到家，关上房间的门也不愿出来。你的座位或者你的房间，已经在不知不觉中感染了忧伤的氛围，给你了一个和心境一样的环境，在这样的环境里你自然将注意力集中在了不开心的情绪上。到外面走走，你会看到操场上有篮球对抗赛，拉拉队在高喊着加油助威，你会看到有好多同学在玩游戏，叫着笑着，你也被这种快乐的氛围所感染，不由地加入他们。看，不一样的环境下，转移了注意力，你是不是开心了许多，刚刚的烦心也消散了许多。

2.做你喜欢做的事

你一定有特别感兴趣的事，比如画画、看书、折纸、看漫画等等。当你在做这些的时候，往往是不是感觉时间过得很快？因为你的注意力会因为兴趣而牢牢地聚集在这些事情上。所以，当你感到忧伤苦闷的时候，不如把你最喜爱做的事拿出来，把注意力放在这些事情上，那些扰乱心境的情绪就暂时放在一边。专注于你的爱好，你会感到很舒适,也很放松,情绪得到了缓解,你会发现忧伤的情绪被取代了。

3.参加到集体的活动中

忧伤的情绪往往会伴随着孤独的感觉,如果这个时候一个人独处,你的感觉会更加糟糕的。如果你爱运动,那么课间和大家一起去踢足球、打篮球、跳长绳,既处在团体的氛围中,又能够通过运动释放压抑的情绪。如果不想去运动的话,那就观察一下,大家都正在做什么集体的活动,选择一个活动加入进去吧!

◎想一想◎

你知道哪些活动是适合大家集体参加的么? 加入进去或者你来发起这些活动吧!

_____

_____

策略四:自我暗示法

现在请你想象一个画着一朵黄色花的红色的气球,你的脑海里出现了什么? 我想很可能是那个画着一朵黄色花的红色的气球吧。你接收了这个指令的暗示,便会受到影响。我们的心情也是一样的,你给它消极的暗示,它便真的会消极;同样,你给它积极的暗示,积极的情绪就会出现。自我暗示可以通过言语、想象等方式来影响你的情绪。想一想你在忧伤的时候,是不是对自己说过“没有人能够理解我”、“那些事又有什么意思”等等这样的话。这样的想法只会让自己更加不开心、低落、孤独。每个硬币都是两面的,只要我们转变一下思维,用积极的话语与自己对话,你也会重新变得有活力起来。

那如何来对自己进行自我暗示呢?

1. 言语暗示

在奥运会比赛中,你经常会看到有选手在比赛开始前嘴里念念有词,一直在说些什么,其实那就是他们在给自己暗示,暗示自己很棒或者会成功,而且很多运动员也证实这的确有效。

当你感到忧伤或者情绪低落的时候,不妨给自己一些积极的暗示,比如"这种情绪只是暂时的,我很快就会好起来",或者给自己找几句喜欢的励志的话语,贴在自己的写字台前或床头,时刻来提醒自己。

◎做一做◎

忧伤的时候我们可能会忘记了我们本身拥有的东西,你可以通过每天给自己鼓励来提醒自己。

大声地读一读下面的句子:

我是一个友善的人并且我喜欢和别人待在一起。

当我需要帮助的时候,朋友总在我身边。

今天我将微笑着和每个同学打招呼。

我每天都在进步。

我将和一个可以信任的朋友谈论我的感受。

今天我会尝试一件新鲜的事。

我将对别人讲一件好玩的事。

对我来说,最开心的两件事是_____和_____。

再写出 5 个积极暗示的想法。

(1)_____

(2)_____

(3)_____

(4)_____

(5)_____

2. 音乐暗示

音乐里也蕴含着各种心情。忧伤的时候,找一个安静的地方,戴着耳机,在阳光下听一首能打动人的歌曲。歌曲可以是欢快的、明亮的,它能带给你动感,让心情随着变好;也可以是轻柔的、忧伤的,仿佛就像你的心情被倾诉了出来,不再压在心里。

法国文豪雨果曾经说过:"音乐是思维着的声音。"它把无形的事物化作一个个扣人心弦的音符。在音乐里,你不仅是听到它所表达的情感,更多的是对自己感受到的情感进行思考和处理。忧伤的时候,不妨选一首此时你想听的歌曲,来梳理自己的情绪吧!

自我暗示的作用要发挥出来,还需要经常的重复,让那些积极的想法在脑中保存下来。一旦我们的大脑接收到了信息,在你情绪低落的时候它就会起作用啦。

策略五:好心情,吃出来

只要吃就能有好心情,这岂不是最简单的方法了? 没错,科学家研究表明,食物确实有调节心情的作用,这是因为食物中含有的一些营养成分正是大脑调节我们心情所需的能量。那么哪些食物有改善心情的作用呢?

德国营养心理学家研究发现,各种情绪的产生与当时大脑某些物质浓度的高低有直接关系。愉快的情绪,往往与大脑一种叫5—羟色胺的物质有关;而不愉快的情绪,则与大脑内的右甲肾上腺素增加有关。很多食物都可对大脑内的羟色胺和右甲肾上腺素的产生有一定的影响。香蕉就是其中一种,它含有一种能帮助大脑产生羟色胺的物质,这种物质不但能促使人的心情变得快活和安宁,甚至可以减轻疼痛,又能使引起人们情绪不佳的激素大大减少,从而减轻悲观压抑的程度,甚至使不佳的情绪自然消失。富含钾、镁以及铁等元素的食品,如南瓜籽或葵花籽等,可以比较容易地改善心情,同时可以多吃一些有健脑活血作用的食物,如鱼类、蛋类、豆制品、核桃仁、牛奶等,都有利调节情绪。

下面就给大家把这些食物归归类,你也不妨给自己制订一个"好心情食谱"吧!

香蕉 苹果 葡萄 菠萝 鲜橙 菠菜 洋葱 大豆 花生 鱼片
全麦面包 燕麦 面条 鸡汤 巧克力 绿茶 豆制品 核桃仁
牛奶 樱桃 南瓜

自我反思

1.回想一下你每天或是每周里的经历。在你经常做的事情前做出标记。

_____和朋友玩	_____自己待着
_____听音乐	_____和父母聊学校发生的事
_____做运动	_____经常发呆
_____给自己一个微笑	_____主动和同学打招呼

在下面列出以上你做过的事情。

_____ _____

_____ _____

_____ _____

花一些时间来思考你做这些事情的感觉,并用心想一想你会对自己说些什么,对这些事情你自己是怎么评价的。

2.哪些事帮助你产生了积极的想法,从而使自己感觉良好?

第二节　身体里的炸弹——愤怒

引言

> 血气沸腾之际,理智不太清醒,言行容易逾分,于人于已都不宜。
>
> ——梁实秋

在我们丰富多彩的情绪世界里,快乐像花朵,孤独像落叶,恐惧像黑夜里的天空,而愤怒似乎就像是一座活火山,又或者,像是地震和海啸。所有跟愤怒有关的感受,或多或少都是不那么美好的。 然而讨厌的是, 长大以后, 我们竟然常常都会因为一些事情而感到愤怒, 并且好像拿它没办法。 那么, 愤怒究竟是什么? 它对我们的生活有着怎样的影响? 我们应该怎样对付它? 下面让我们逐一来解开这些问题的答案。

案例

坏脾气的海东

海东一直是个听话懂事的孩子,可是自从上了初中以后,妈妈发现海东的脾气变得非常古怪。海东上的是寄宿学校,每周末回家一次,回家以后妈妈总是嘘寒问暖,想知道他在学校过得怎么样。可是海东好像对此很反感,妈妈的关心在他看来是"唠叨个没完"。每次回学校前,妈妈都会提前买好一周的水果让海东带到学校去吃,可有一回不知道怎么了,当妈妈把一袋苹果塞到海东手里的时候,海东一把抓过袋子,使劲扔在地上,袋子散开了,苹果滚了一地,妈妈顿时傻眼了。海东大吼着说:"跟你说了多少遍,不要给我弄这些东西,我又不是小孩!"

不仅如此,海东跟爸爸的关系也闹得比较僵。爸爸看到海东回家总玩电脑而不学习,就呵斥他不务正业,让他去做作业。如果海东不听,爸爸就会火起来,有时候会直接拔掉电脑的电源。这时海东就会暴跳起来,和爸爸大吵,直到最后摔门而去。

在爸爸妈妈看来,现在的海东身体里就像安装了一颗炸弹,不知道什么时候就会突然爆炸,然后使得整个家里都弥漫着一股浓浓的火药味,久久不散……

◎想一想◎

青少年:你自己有没有过跟海东类似的经历?如果你是海东,面对父母的关心或者管教,你会怎么做?

家长:在你孩子的成长过程中,是否也出现过和海东类似的情况?面对孩子发脾气你平常都是怎样应对的呢?

问题探析

海东的变化实际上是许多青春期少年都会遇到的问题。很多父母会发现自己的孩子升入初中以后逐渐变得易怒起来,对父母不再像小时候那么顺从、听话,常常在言语上或行为上排斥父母的管束,经常是一点小事就激起很强烈的情绪反应,对父母大吼大叫,或者无缘无故的烦躁、发脾气。

事实上,如果我们留心就会发现,青少年的愤怒通常预示着一些需要引起注意的信息,比如海东愤怒地把妈妈给他的苹果扔在地上,实际上是在用这种行动向妈妈宣布:我已经长大了,我需要独立!另外,因为爸爸不由分说地拔掉电脑电源,海东被爸爸的举动激怒,进而与爸爸发生争执,这实际上是一种反抗权威的表现。爸爸、妈妈如果没能理解这些信号,而错误地以为海东是在无理取闹的话,这种激烈的对抗久而久之就会让母子之间或者父子之间产生分歧或者隔阂。

深入阅读

（一）人人都有愤怒的时候

愤怒是人的基本情绪之一，它是一种因需要得不到满足而导致的强烈的激动和不愉快的情绪。在这个世界上，无论你是生活在冰雪覆盖的帕米尔高原还是生活在阳光普照的尼罗河畔，无论你来自怎样的文化背景，人人都会有愤怒的时候。

在人的成长过程中，愤怒出现得比较早。研究发现，三个月大的婴儿就会表现出愤怒的情绪了。而青少年时期则是愤怒情绪表现得最频繁和最强烈的时期，在这个时期，我们当中的许多人都会经历情绪的狂风怒涛，我们会发现在这个时期想要保持一贯的平静，真的是比登天还难。

让我们来设想一下你遇到了下面的一些情景：

上晚自习的时候，你正打算集中精力学习，坐在身后的同学却一直嘀嘀咕咕地不停讲话；

周末你和朋友约好一起出去郊游，她却在最后时刻爽约了；

在教室里，你端着一杯刚接的开水正要回到自己的课桌旁，却被两个正在打闹的同学撞到，水洒了你一身；

妈妈没有经过你的允许就翻看了你的日记本；

同桌把你新买的书借去看，还给你的时候书页上沾上了一大块油渍；

……

开始感觉到有一股火苗从胸口往上蹿了吧？我们继续设想：

中午12点，下课铃响了，你抓起饭盒一路狂冲到食堂，人真多啊，你排到3号窗口的队伍里，这时候前边突然有人加塞儿；

班里有同学的电子词典不见了，班主任不分青红皂白地责问了你；

你路过一群人面前,看到他们对你指指点点,还时不时发出诡异的笑声;

书包里装着考砸了的数学成绩单,你垂头丧气地走在回家的路上,心里想着怎样跟老爸解释这个分数,走着走着,一脚踩在了一块嚼过的口香糖上;

……

现在,你是不是开始咬牙切齿、血脉喷张了?

没错,此时此刻你所感受到的,就是愤怒。

我们的愤怒可以分成许多等级,从一般的不高兴、愠怒、气愤逐渐升级到火冒三丈、勃然大怒、甚至狂怒,就像一条渐变的颜色带,程度最低的是白色,程度最高的是鲜红色。如果以上的每一个情景都让你感到相当的怒不可遏,也就是说,你的愤怒等级始终处在靠近红色的那端,那你可真是一个愤怒冠军!

现在,当你在同学当中享有"火药包"或者"大炮仗"的"美名"之前,我们有必要一起来了解一下愤怒这个神奇的东西。

(二)我们为什么会愤怒?

瞪大眼睛、面红耳赤、呼吸急促、咬牙切齿、青筋暴突、捶胸顿足、言辞尖锐等都是一个人愤怒时候可能的表现。一个人发怒的样子并不可爱,甚至有时候让人觉得可怕。既然愤怒那么不受欢迎,那它为什么会存在呢?进化论的提出者达尔文认为,在原始社会,到处都充满着危险,而愤怒可以起到保护自己的作用,因为愤怒的样子可以让进攻者因为害怕而逃跑。

与之类似的是,愤怒也是我们的青少年保护自己的一个手段。步入青春期以后,青少年开始强烈关注起自己的外貌和体征变化来。同时,升入中学以后,随着学习负担的增大,青少年开始把自己的学习表现看得非常重要,因为这直接影响着老师和同学对自己的评价。而新的环境带来了人际关系的变化,青少年们要尝试着处理好与老师和同学之间的关系,确立自己在一个群体当中的地位。这一系列问题都令他们变得十分敏感,他们小心翼翼地探索着自己,他们既渴望成长,又渴望被理解和关怀。这种对自我的密切关注使得青少年保持着强烈的自尊心,而在遇到挫折、失败或者别人的冒犯时,他们往往会用发脾气来驱赶自我以外的事物,从而保护自己的自尊心免受伤害。

青少年处在身体发育的旺盛期,这个时期他们的身体像正在绽开的花朵一样,发生着迅速而奇妙的变化。其中,青少年身体里荷尔蒙水平的高低变化,会导致他们的情绪起伏不定。青少年情绪的波动有时候大得令他们自己都感到吃惊,这一点也解释了为什么像愤怒这样的情绪会在这个时期表现得尤为明显。

有人把青少年的大脑比喻成一触即发的汽车油门,而把青少年的自控能力比喻成脚踏车的刹车系统,这种不和谐的搭配就是青少年容易发怒却难以自行控制的原因。事实上,在我们的大脑里面,有一个叫做前额叶的部位,它在对我们的情绪进行调节和控制方面发挥着重要的作用。青少年的大脑发育还不成熟,他们的前额叶还不能充分行使它的功能,因此青少年在驾驭情绪尤其是愤怒情绪方面会显得有些困难。回过来想想我们前面例子里的海东,他常常发脾气可能并不是因为他自己想这样做,而是他的大脑这个掌管行动的大本营还没有建造完成。

(三)愤怒的生理表现

当我们感到愤怒时,我们体验到的是一种压倒性的情绪,这种感觉会左右我们的身体。在短短几秒钟内,我们的肌肉变得紧张和僵硬,心跳加速,血压上升,体温升高,并且好像有一股热流迅速在身体里涌动,直冲头顶,我们感觉自己好像到达了失控的临界点,马上就要爆发了。

大多数人在愤怒的时候都会出现这样的生理表现,只是不同人的强度和持续时间可能不一样。然而有的时候,我们的身体也许并没有传达出这样明确的愤怒信号,我们并没有要立即爆发的感觉,那我们又如何知道自己愤怒了？试着回忆一次让你愤怒的经历，注意观察自己：

我的脸红了吗？我的嘴唇是不是抿紧了？我的手在发抖吗？我的肩膀绷紧了吗？我是不是感到有点偏头痛？我的胃似乎有点不舒服？

是的，以上这些生理表现都是愤怒引起的，现在你可能有点开始讨厌这个家伙了，就像讨厌一只蛀虫一样。的确是这样的，愤怒带来的危害可能比我们想象的还要糟糕。

（四）当心！可怕的愤怒

1.警惕愤怒！ 我们的身体在抗议

愤怒对我们的健康损害非常大。中国医药古籍《黄帝内经·素问》中就指出："百病生于气也。"让我们来看看愤怒会给我们身体哪些部位带来危害：

大脑：当我们愤怒的时候，大量血液会涌向脑部，使得脑血管的压力增加，这时候血液中含有的氧气会减少，而毒素会增多，这种毒素对脑细胞具有致命的杀伤力，愤怒的时候思维混乱就是大脑缺氧的明证。一个经常发怒的人，他的反应会变慢，脑细胞衰老的速度会明显加快。

心脏：我们每次愤怒发作，都会引起大量的血液冲向脑部，而这会使供应心脏的血液减少而缺氧。我们的心脏为了获得足够的氧气，只得一通乱蹦，于是造成了心律不齐。这种瞬间加快的心跳对于老年人或者身体不好的人来说，是相当危险的，严重的会致命。

肝脏：愤怒时我们的身体会分泌一种叫做儿茶酚胺的物质，作用于我们的中枢神经系统，它会使得血糖升高，脂肪分解加强，血液和肝细胞内的游离脂肪酸增加。游离脂肪酸有很强的细胞毒性，肝细胞对它是又爱又恨，因为少了它不行，多了它又会有害。简单地说，那些动不动就吹胡子瞪眼的人，他们的肝脏就好像是中了毒一样。

肺:当我们愤怒的时候,呼吸会变得急促,有时候甚至会感到喘不过气来。我们常听人说"肺都要气炸了",这是有道理的,因为愤怒时我们的肺泡不停扩张,没时间收缩,也就没有时间放松和休息。

肠胃:愤怒时,我们胃肠中的血流量会减少,胃肠蠕动会变慢,食欲变差,严重时还会导致胃溃疡,这就是为什么人在愤怒的时候会感觉"气饱了"。经常发怒的人,肠胃会受到不同程度的损害。

皮肤:经常发脾气的人,脸色常常是暗淡无光的,有的还特别容易生出色斑和痘痘。这是因为愤怒的情绪会令我们皮肤的毛细血管收缩或痉挛,造成毛细血管循环障碍,输送到皮肤的各种营养物质缺少,皮肤就会变得干燥、发黄、失去光泽。同时,愤怒时我们血液中的氧含量减少,大量毒素就会刺激我们的毛囊,引起各种皮肤炎症。

2.不做愤怒的传染源

心理学上的"踢猫效应"告诉我们,愤怒的情绪有时候就像传染病,它会从一个人传向另外一个人,形成一根清晰的链条,链条最末端的那个无力还击的弱者只能默默承受这种"传染病"带来的伤痛。在上面这个例子里,我们也许会认为最可恶的是那个被开了罚单的老板,因为是他首先把自己的恶劣情绪传播给了别人。然而我们细想一下,其实处在这根愤怒链条中间的每一个人都既是"愤怒病毒"的受害者也是传播者。再想一想我们自己,平时是不是也经常把气撒在别人身上呢? 我们有没有想过这样给别人带来的伤害有多大呢?

发怒对他人造成的伤害是深重、持久而且是无法逆转的。让我们静下来想一想,我们曾经有没有因为愤怒而语出伤人,有没有做出过什么过激的行动让身边最亲的人感到难过? 如果你已经开始在反思自己过去的行为了,那恭喜你,在离开愤怒的道路上,你迈出了第一步。

解决策略

愤怒就像是安装在身体里的炸弹,一旦引爆,留下的往往是难以收拾的残局。我们已经从前面的文字中了解到,愤怒对我们自己和他人造成的危害都是不可小觑的,下面的四种策略,教我们如何做一个"拆弹专家"。

策略一:了解愤怒背后的原因

愤怒并非天生的野兽。

如前文所述,青春期的愤怒既有生理方面的原因,也有心理方面的原因。而随着青少年的成长和成熟,那种突然爆发的坏脾气会逐渐减少,这是一个自然的成长过程。我们没有必要对愤怒感到害臊,坦诚地面对它,弄清它从哪里来,然后理智地驾驭它,那么我们就能冲破情绪的狂风怒涛勇往直前。

我们应该积极地寻找自己愤怒的源头,愤怒过后静下来想想,是什么原因导致了自己发火,有时候原因可能不止一个,那么尝试着去梳理这些可能的原因。我们可以通过写日记来让自己平静下来,理性地分析对与错;另外,尝试着站在对方的角度来看待问题,也许就会发现大动肝火是没有必要的;如果发现愤怒源于学习压力或者父母不合理的管教方式等等,可以找老师、父母或者学校的心理咨询师谈谈。

而作为父母,对待孩子的愤怒,要尝试着去了解它背后的真正原因,父母应该做到理解、尊重和接纳孩子。孩子发脾气,有很多种可能的原因,也许是因为遇到了挫折,也许是因为受到了忽略,也许是由父母错误的教导方式所导致等等。

另外,对待孩子的愤怒,父母要选择恰当的方式,既不要粗暴横加制止,也不要无原则地满足。一方面,所有聪明的父母都应该记住,孩子需要教养而不是"叫"养。孩子在小的时候总是会学习怎样才能和父母一样,而青春期的孩子则开始思考自己是谁,并且怎样才能和父母不一样。父母如果不能意识到这一点，动不动就还像管教小孩一样对青春期的孩子大呼小叫，我们的青少年当然就会不乐意了。他们用愤怒来顶撞父母，是他们渴望被理解的一种表达。另一方面，对孩子的愤怒情绪一味地迁就，会强化孩子通过发脾气来达到自己的目的，这也是很不可取的。

家应该是一个可以让人放松的地方，是最温暖的港湾，而不应该是受到愤怒污染的垃圾场。正确的做法是，父母和孩子一道，共同创造一个"零愤怒家庭"。在一个家庭里，如果父母和子女都被允许表达真实的自己，说明这个家庭中的成员能够彼此信任。当孩子步入青春期以后，父母应该时常留意观察孩子的身心变化，在平日里减少对孩子的命令或约束，尝试着用商量的口吻同孩子沟通，同时对孩子的新异想法表示支持和鼓励。通过这样的方式，让孩子感到父母是真正在关心他们，即便他们偶尔会用愤怒来表达他们的一些愿望，但他们仍然深信永远不会失去爸爸妈妈的爱。

策略二：停止制造愤怒

你也许发现自己常常处在愤怒的沸点上，是这样吗？

如果答案是肯定的，那么你需要弄清楚，这个世界上所发生的事不会令我们愤怒，是我们自己"激动的想法"创造了我们的愤怒，换句话说，是我们对引发愤怒的事物赋予了意义才让我们产生了愤怒。

德国大哲学家康德说过："愤怒是拿别人的错误惩罚自己。"让一件使我们感到愤怒的事情在脑子里翻来覆去地重现，然后一次又一次地感到愤怒袭来，这是很愚蠢的做法。愤怒冠军们，你们意识到了吗？正是你一手导演了这台戏，没有人要你这样做，是你自己把愤怒揽过来紧紧抱着不放，却又对它恨得牙痒痒。不仅如此，你还是自己愤怒情绪的唯一观众。没错，你就是那个不断搬起石头往自己脚上砸的人！

有这样一个小故事：有一个司机开着车在山路上爬坡，连续开了几个小时，他有点昏昏欲睡。这时候迎面来了一辆车，车上司机伸出手来指了指,说了声"猪——"。这个司机瞌睡一下子醒了,他气急败坏地探出头大骂:"你才是猪,你们全家都是猪!"话音刚落,突然看到前方下坡路上真的有一群猪,可是来不及反应车就翻进山沟里了。

你可能已经笑了,认为这个翻车的司机是个十足的大傻瓜,别人说"猪"不是在骂他是猪,而是善意地提醒他"小心前面有猪"。事实上,我们常常都在这样错误地解读周围的信息:老师一句善意的批评被我们误认为是挑刺,同学一个无心的玩笑被我们当成是侮辱,朋友因粗心忘记了赴约被我们当成了对友谊的亵渎……很多时候,我们都在庸人自扰,现在,是时候停止制造愤怒了!

策略三:转移注意力

当我们感到愤怒快要发作的时候,暂时离开让自己感到愤怒的人或事可以让注意力转移开来,这样,愤怒就失去了发泄的对象;或者,尝试着放松和做深呼吸也不失为一个避免愤怒的好办法。我们前面提到过,愤怒的时候血液中含有的氧气会减少,而毒素会增多。因此,感到愤怒的时候尝试着放松和做深呼吸可以有助于增加身体吸入的氧气量,同时,平稳的呼吸可以降低心脏跳动的速率,从而保证人能够冷静地思考,避免愤怒的发作。

另外,听听舒缓的音乐、唱唱歌、看电视、阅读、在脑海里想象一些让自己感到轻松愉快的场景或者干脆闭上眼睛什么也不想,也都是可以让我们及时避开愤怒的办法。这样做可以让我们暂停与愤怒有关的思考,激动的情绪会随着注意力的转移逐渐平静下来,怒气自然也就烟消云散了。

当我们愤怒的时候,我们的理智就会被掩盖下去,愤怒的时候可能会做出一些让人难以理解的事情来,直到我们平静下来的时候才发现,自己当时是多么的愚蠢。所以切记,当我们感到愤怒的时候不要试图去解决问题,因为这个时候往往会做什么错什么。

策略四:合理宣泄

愤怒发作的时候也许会让人感到自己一下子变得强大起来,抢起拳头或者大声咆哮的确会暂时起到一定的作用，但通过这样的方式捍卫了尊严，却可能会使我们失去更多其他的东西。比如，被我们的愤怒所伤害到的人，可能会从此远离我们，我们因此而慢慢失掉了身边的朋友，变得孤独和自卑，而这样的状态又会令我们再次愤怒——结果是，我们掉进了一个恶性循环的圈子里。

无论什么时候，不计后果地爆发愤怒都是不可取的，如果你表现得像一只河东狮，整天竖起汗毛，彪悍地吼叫，把所有的愤怒都发泄到别人身上，用不了多久别人就会以为你是个疯子。然而，压抑愤怒也可能会带来隐患，这就像一只没有出气孔的高压锅一样，长时间对愤怒的压抑可能会导致更可怕的爆发。

英国浪漫主义诗人威廉·布莱克有一首诗叫做《一棵毒树》，诗中有几句是这样的：

我对我的朋友生气；

我说了出来，怒气便平息。

我对我的仇敌生气；

我含怒在心，它滋长不已。

这几句诗很好地表达了愤怒需要宣泄这个观点。愤怒如果不宣泄出来，是会像葡萄藤一样疯狂生长的，而如果对事不对人地对愤怒进行分析和解释，就能够避免被它牵了鼻子走。另外还有一些办法，也可以帮助我们有效地宣泄掉我们的愤怒情绪：

当感到愤怒的时候，我们可以找个僻静的无人处大喊几声，痛快地发泄心中的不快；可以通过跑步、踢球、打扫房间等消耗体力的活动，把愤怒挥洒出去，因为运动可以促进身体里内啡肽的分泌，而内啡肽是一种能让我们的大脑感觉舒适的荷尔蒙；我们还可以找人倾诉，当我们一边滔滔不绝地痛诉令自己愤怒的人或事，一边期待着别人给予自己肯定的时候，愤怒的情绪其实已经在这个过程中悄然化解了。

◎做一做◎

青少年：让我们回到本节开头的例子里，想象你自己就是海东，你怎样来控制自己的愤怒？

_____

_____

家长：静下来想一想，自己平时对待孩子的愤怒所采取的方式方法是否合理？自己是否尝试过了解孩子愤怒背后的真正原因？

_____

设想你就是海东的家长，你应该怎么做来应对孩子的坏脾气呢？

_____

青少年和家长分别回答好自己的问题后，互相交换答案，并通过交流与讨论，达成一致的看法。

自我反思

我们看了海东的故事，了解了愤怒产生的原因、危害以及应对愤怒的一些策略，那么现在让我们来回忆一下我们从中学到了什么，获得了哪些感悟。把你的心得体会和内心想法写在下面的便签中。

第三节　没人了解我——孤独

引言

> 忍受孤寂或者比忍受贫困需要更大的毅力,贫困可能会降低人的身价,但是孤寂却可能败坏人的性格。
>
> ——[法]狄德罗

在芸芸众生的人海里,
你敢否与世隔绝,独善其身?
任周围的人们闹腾,
你却漠不关心;冷落,孤寂,
像一朵花在荒凉的沙漠里,
不愿向着微风吐馨?

……

他的命运之杯虽苦,
犹胜似一个不懂得爱的可怜虫:
背着致命的负荷,贻害无穷,
那永远摆脱不了的担负。

……

——[英]雪莱《孤独者》节选

孤独在我们看来是一个有点悲伤的词汇。古人把孤独写在诗词里,例如李白的"举头望明月,低头思故乡"描写了游子的孤独,李清照的"寻寻觅觅,冷冷清清,凄凄惨惨戚戚"让我们看到了一个孤单女子深感孤单凄凉的心境。现代人把孤独更直白地表达出来,我们随处可听见"寂寞"、"孤独"这些词。许多流行的歌曲里也在咆哮着"孤独"。孤独仿佛就是一种流行病，在人们的心里疯狂地扎根蔓延。那么究竟什么是孤独呢？我们又是为什么会感到孤独的？孤独是不是一种病呢？让我们走进孤独，看看孤独是不是我们料想中的那么悲情，想想我们能不能从孤独的世界里打开一扇门，找到走出孤独的路。

案例

小琼：电视就是我的好朋友

上学、做作业、看电视是她的全部生活。14 岁的她课余时间就是在家看电视，周末的时候，在电视机前一坐就是五六个小时。讲起电视节目，她可是如数家珍。"我喜欢看的节目很多，湖南台的'快乐大本营'、'越策越开心'我基本上都看。连续剧也看了很多，韩剧、历史剧、时装剧没有我不知道的。"她叫小琼，在别人看来，她是个聪明美丽、个性开朗的女孩，老师、家长、同学总是喜欢用美好的词汇称赞她。而老师认为优秀、伙伴美慕的小琼，却很难开口与身边的朋友交流内心的苦闷。她在日记中这样写道，"别看很多人喜欢我，我也有许多朋友可以一起唱歌、聚会，可我还是找不到交心的人，没有人可以真正理解我的感受。名次、奖学金、班干部,这些都让我不得不在平时的生活中多加留心。高处不胜寒——不知道这个词用在我身上对不对? 好在我还有个电视朋友陪我。"

◎想一想◎

为什么小琼会将"没有生命的"电视作为好朋友呢? 为什么在得到老师同学们赞美的同时,她依然觉得孤独寂寞呢?

问题探析

小琼会把电视当做自己的好朋友是因为在现实中感觉孤独,这种孤独来自于她这个年纪的多愁善感的特点,也来自于现实中实实在在的压力,包括学业和人际的压力。

首先,小琼处于青春期,这个年纪由于生理上的生长和心理上的滞后,在很多方面面临着困惑和不安,容易感觉孤独无助,看电视可以放松心情,有时候甚至依赖电视来逃避现实中的孤独感。

其次,小琼也面对着来自繁重的学业的压力,我们可以猜想小琼的父母对于她寄予厚望,对她的教育都是很严格的。比如跟孩子讲,"这个世界是不相信眼泪的","你跟别人哭诉也没有用"等等。这个花季的少女尽管会有许多的愁、许多的孤独也不敢轻易说出口。久而久之她就不敢宣泄自己的情绪。

再者,小琼与同学之间存在着竞争,可能在奖学金、名次有过一些比较,感觉交不到真正朋友。我们看到小琼在别人面前表现得开朗、乐观,但其实是一个十分压抑的人。

所以,电视就是她孤独的良药,是她寂寞时的朋友,即使有老师、同学们的赞美,也不能让她觉得不孤独。

有些人或许会觉得小琼有点自寻烦恼,在我们看来,她是很幸福的:长相美丽,拥有父母和老师的认同,在同年龄的人中也属于佼佼者。这种孤独有点"少年不知愁滋味,为赋新词强说愁"的嫌疑,不过通过上面的分析我们也可以理解她。我们身边有很多人,拥有的东西并不少,却还是孤独。我们可以推想,其实只要我们改变自己的想法和态度,可能孤独就很容易被我们驱逐。例如,小琼如果主动和父母交流自己的看法,尝试从自己孤独的小宇宙中走出来,会发现这个世界有很多温情。

深入阅读

(一)孤独像感冒一样

孤独很难被定义,孤独是一种情绪,是一种境遇,是一种感受,是一种在我们的心里却难以说出口的忧伤。武侠小说家古龙说:"真正的寂寞是一种深入骨髓的空虚,一种令你发狂的空虚。纵然在欢呼声中,也会感到内心的空虚、惆怅与沮丧。"心理学家描述孤独为"一种负向的情绪体验,是个体渴望情绪交往和亲密关系却得不到满足而产生的一种不愉快的情绪。"

有人说孤独就像是感冒一样:易感,难治,虽不致死但让人很不愉快。看看下面的孤独的这些"症状",也许你也会认同这种说法:

孤独是"易感的"。我们有很多的孤独的"借口"。年轻的我们总是希望得到关注,取得好成绩的时候希望得到赞美,失落的时候想有人陪伴,如果这些感受得不到充分的关注,很可能我们就感觉到孤独了。

孤独是"难治的",大概像"后悔药"一样,世界上也没有"不孤独的药"。

妄想把孤独彻底连根拔起是不可能的,我们不如把孤独看作是一种特别的状态,就像我们总希望永远是晴天那样,孤独就是雨天,不可避免,因为有了孤独,才使我们更珍惜快乐、温馨的时刻。

孤独常常和痛苦、失落、不愉快等负面的词汇联系在一起,我们在嬉闹的人群中莫名感觉到的难过,在静静的夜里睁着眼睛无法入眠的不安,在家人和朋友面前无法坦诚自己时的失落,这些都是孤独的杰作。

(二)造成孤独的元凶

孤独的元凶是什么呢? 让我们通过以下三个故事来寻找答案。

小豪:游戏是我唯一的朋友

小豪的父母是生意人,家庭富裕,居住在某高档住宅小区。由于父母工作忙碌,平时能见到父母的时间并不多,在家一般只有他自己一个人。小豪放学后,每天就在家打电脑游戏,有时候放假了就是不吃不喝玩一整天。小豪身边的人都说,小豪的脾气很大,生气的时候会砸东西,发脾气,谁也拿他没有办法。

原因分析:成长道路上父母的缺席

小豪玩游戏背后的原因是缺少父母的陪伴,相信和父母一起去郊外踏青,一起和父母聊聊自己最近的爱好比游戏更加吸引人。小豪有着优越的物质生活条件,却没有最普通的家庭的温馨快乐。一位事业很成功的老板有一个不成文的规定,周日一天公司无论有什么事都不可以占用他与孩子相处的时间。有一次,他正准备和孩子们去游乐场,出门的时候,公司的人打电话让他参加一个紧急会议,否则会损失很多的钱。这位父亲爽朗地回答道:"钱没了可以赚回来,但是孩子永远没有第二个童年。"父母如果多腾一点时间来陪伴,小豪也就不会整日与游戏为伴。

茵茵:我对着娃娃讲话

茵茵的母亲很担心,茵茵越来越沉默了,一天说不了几句话,注意力也不集中。在家的时候喜欢抱着娃娃,天天对着娃娃说话。茵茵说她从小就没有朋友,也不主动和人交流,她害怕别人会看透她,她不知道她说的话会不会被别人接受,或者别人根本就没有在意过她。她说:"懂得对别人微笑,别人也会回报以微笑,但就是不想这么做。听着别人的笑声,好像我不是这个世界的一分子,而是来自于另一个世界的陌生人。我不知道怎么和他们说话，甚至觉得这是个奇怪的做法，我的世界更加孤独寂寞。"

原因分析：人际交往的不自信

朋友在我们的生活中占据重要地位。青少年并没有复杂的人际关系，所以可以说人际交往就是交朋友，友谊像天空的星星点缀我们的生活，没有朋友的孤独使生活变得苍白。心理学家提出同伴交往对于青少年来说是尤为重要的。因为人际交往提供了与众多同龄伙伴平等相处和自由交流的机会，体验一种全新的人际关系，这是他们发展社会能力，提高适应性，形成友爱态度的基础。对于茵茵来说，她应该要学会自信并且主动去与人接触才能摆脱孤独。

亮：网络世界里我很自由

亮16岁，他可以不吃饭，不睡觉，但是不可以没有网络。"在网络世界里，我可以自由地表达自己任何的想法，我可以伪装成任何一种性格的人，在我和网友聊天的时候，我还是很会聊的，但是现实中我却很少与人交流，如果没有网络，我一定会很孤独。"

原因分析：网络

青少年沉迷于网络现在是很常见的，虚拟的网络世界里我们变得无所顾忌，感觉很"自由"，在网络世界里，我们可以变身武林高手，可以身怀绝技。但是这些东西并不能"穿越"到现实中来。研究表明：越沉迷于网络的人在现实中越孤独。心理学家荣格说：生活在现实世界的人们戴着各种各样的人格面具，人格面具的作用是在于给人一个很好的公开展示的一面，以便得到社会的承认，它保证了我们能够与人甚至是我们并不喜欢的人和睦相处。沉湎于网络里的人们，由于网络交往的虚拟性，往往会撕去人格面具，这样就与现实社会的需求形成一个巨大的心理反差，淡化了个人与社会及他人的交往，远离周围伙伴，变得越来越孤僻。

孤独来自哪里？什么时候孤独感特别明显？我们大家都有一种

感受,什么时候自己忽然变得多愁善感,不再像小时候那样渴望和爸爸妈妈腻在一起了,自己容易孤独,觉得没人能理解自己的想法。其实这都是因为我们长大了,长得更高了,身体有了奇妙的变化,却也因为长得太快,还没来得及学会处理这突如其来的变化,所以我们容易孤独。无论是小豪的游戏、茵茵的娃娃、亮的网络,都是我们孤独的避风港,一头扎进去之后却发现我们离现实更远了,越来越孤独了。

(三)孤独的危害

对于孤独的消极影响,很多人都深有感触。狄德罗说道:忍受孤寂或者比忍受贫困需要更大的毅力,贫困可能会降低人的身价,但是孤寂却可能败坏人的性格。巴尔扎克指出:在各种孤独中间,人最怕精神上的孤独。可见孤独就像是过街老鼠——人人喊打。人们之所以有这样的反应,完全是因为孤独确实有着很大的破坏作用。

美国的一个研究发现,孤独像打呵欠一样会传染。这个调查的研究者之一是来于加州大学圣地亚哥分校的克里斯塔基斯,他给出了一个形象的比喻,"孤独感和肥胖、吸烟、幸福一样会传播。处于孤独边缘的人,将他们的孤独感传染给其他人,然后大家一起变得封闭起来。这就像一件毛衣有了一个线头,如果用力拉线头,就能拆掉整件毛衣"。可见孤独的威力是超过我们的想象的。它通过"润物细无声"的方式正在危害我们的健康。

孤独伤身,美国的最新研究甚至显示,孤独等同于每天酗酒或抽15根烟。还有研究表明,孤独的人血压比社交活跃的人高出30毫米汞柱,患心脏病和中风的可能性高3倍,死于心脏病和中风的概率达到正常人的2倍;孤独的人容易染上不良嗜好,因为它会削弱人的意志力和决心,容易放弃运动;孤独的人睡眠不好,衰老得快,孤独感会削弱人体免疫系统,增加患癌风险。

孤独使我们难以适应新的环境。当新的环境向我们招手时,孤独让我们像一个拒绝要糖的小孩,别过脸去,装作不在意的样子,其实心里很想交朋友,很想在新的环境里开始新的探险,但是孤独让我们躲在这个壳里,默默地舔舐着自己的寂寞。

孤独还容易导致各种心理疾病。例如孤独会导致宠物依赖症,甚至于还有可能交上新奇的"朋友"。在一部名为《荒岛余生》的电影中,汤姆·汉克斯饰演了一个名叫查克·诺兰的美国联邦快递公司的业务工程师。诺兰异于常人之处在于,无论是个人生活还是工作,都被时钟严格控制着,他的每时每刻都被排满了计划,只有不停歇地忙碌才能让他有成功的感觉。但命运弄人,一次偶然事件让他被"扔到"太平洋某孤岛长达4年之久。在这4年里,诺兰为排遣孤独和寂寞,把身边的一个排球当做好朋友,还给它起名为"威尔逊"。平日里,他就给威尔逊讲笑话,和它谈心,有时还虐待它。有一次,他竟然像一个怨妇似的把威尔逊从洞穴里踢了出去。可是,当他最后把威尔逊弄丢,并再也找不回来后,他哭着喊道:"我错了,威尔逊!"无独有偶,电影《这个杀手不太冷》里那个孤独的杀手最好的伙伴就是一株植物。心理学家分析说,有些人很可能用与这些物品的关系,代替现实中人与人之间的关系。究其原因,可能是他们觉得人类太具有威胁性了。

解决策略

孤独其实没有那么可怕,相信我们自己有掌握自己情绪的主动权,只要我们愿意改变,我们就可以改变。就像一首歌里唱的那样"我可以改变世界,改变自己,改变隔膜,改变消极,要一直努力、努力,永不放弃!"

(一)换一个角度看孤独——孤独的智慧,孤独不一定是坏东西

孤独并不是十七八岁特有的感觉,而是与生俱来并且会陪伴我

们终生的一种存在状态。一个人如果完全没有孤独，也是很难有心理深度的。所谓"古来圣贤皆寂寞"，说的就是圣贤之人能够利用孤独进行深刻的思索。换句话说，就像一个硬币有两面一样，孤独也有两张脸谱，一张我们再熟悉不过，是焦虑，是痛苦的，而孤独在贝多芬、卡夫卡、牛顿的身上却表现出天才的神秘气质，孤独让他们很超然，在孤独中他们获得了独自思考的机会，获得精神和智慧。

有人说我们只是普通人，孤独在我们身上并不能产生像那些孤僻怪才那样的效应。诚然，我们不能为了追求"智慧"把自己搞孤僻了，但是就像台湾女作家三毛说的那样："我需要适度的孤独。"适度的孤独就是一颗静心丸，在喧闹中享受自己的清风明月。美国乡村音乐小天后泰勒·斯威夫特对于独处这样描绘："自己一个人的时候，可以做很多奇妙的事情。我可以一个人走来走去，自言自语，甚至把自己的想法用歌声唱出来。"心理学家研究发现，孤独的经验更容易形成更持久、更准确的记忆，一定程度的孤独能培养一个人的同情心。

孤独是这样的戏剧化，我们要更成熟地看待它。学会在独处时享受安静的洗礼，在与人交往时也能放开自己的心扉。在心灵的地图上，有与人一起奔跑的大草原，也给自己留一座秘密花园吧。

（二）改变孤独中的错误观念——最能让我们孤独的其实就是我们自己

尽管我们可以把孤独归罪于没有人的陪伴、没有人的理解，但当我们正视自己的孤独时，会发现是我们自己亲手导演了这一场闹剧，我们自己塑造了一个孤独的主角——我们自己，在自己脑海中写好剧本，一直用我们写的台词来与自己对话。我们对自我的台词可能是这些——

自我贬损：我并不可爱，而且我会证明这一点。

担心不被别人接纳：别人不应发现我的短处。

对别人的愤怒、批评，愤世嫉俗：别人都有问题，我不想结识他们。

以上其实是心理学家多丽丝提出孤独者对自我的典型想法，其实很容易看出来这些想法都属于不客观地看待自己和他人。要改变这种状态，首先必须正确地评价自我。人的自我评价与孤独状态是互为因果关系的，有一句话是这样说的"想要爱人，首先要学会爱自己"。对自己都没有爱的人，谈不上对别人的关注，别人当然也会冷漠对待你。真相是你不爱自己，也不爱别人，收到的回复也是别人不爱你。当你自己察觉到别人对你的冷漠时，又好像真的证明你不可爱的假设，于是你选择陷入深深的孤独。这是一个恶性循环。

转换一下观念，我们就会发现新的大陆：

• 转换第一个观念——自尊：我很正常，就像现在这样

多丽丝用一棵苹果树来解释一个人应该如何客观看待自己，一棵苹果树上有好的苹果，那是你的优点，也有烂的苹果，那是你的缺点。但是没有一棵苹果树和你一模一样，你是独一无二的。不要因为那些烂的苹果就自我贬低，而是要把缺点想办法转化为优点，拥有一些缺点是正常的，缺点和优点一起塑造这样一个你，不必因为你的不同而陷入孤独中。

◎做一做◎

如果你每天贬低自己，咒骂自己，你将变得更加孤独和不幸。是那些观念一直萦绕在你的脑海里，你可以把对自己的高要求和偏见写下来（例如：我应当长得更美丽，因为我现在不够漂亮等等）。

我应当 _____

我应当 _____

我应当 _____

我应当 _____

考虑上面提出的问题，你是否会想如果我不苛求自己，我会获得什么，把这些想法写下来（例如，假如我不要求自己长得像明星那样

美丽,我接受现在的自己,我会活得更自在)。

我不要求 _____

我不要求 _____

我不要求 _____

我不要求 _____

看看上面的对比,你会发现看低自己会失去什么,接受自己会得到什么,清楚明白地算好这笔账,我们就会懂得如何选择从孤独的自我虐待中解脱出来。

•转换第二个观念——与人交往、相识:有人喜欢我,也有人不喜欢我

许多孤独的人花很多时间来钻牛角尖,琢磨他们为什么得不到别人的认同。我们身上有的缺点别人也会有,假如我们没有伤害过别人,但是别人依旧不喜欢和我交往,那是他们自己的体验和看法,和我本身没有直接的关系,我可以接受。我自然会吸引到欣赏我的人、和我兴趣一致的人做我的朋友,我何必悲天悯人呢?

•转换第三个观念——开诚布公地与人交往,别人也是正常的

有时候我们会把别人当做假想敌,认为别人都是和我们对着干,为什么他们就是不能多从我的角度想想呢?我们孤独也许是因为我们不认同别人的不同而已。世界上没有相同的两片树叶,也自然没有相同的两个人,有一首歌曲唱道"有时候孤独得很需要一个同类",看,最多也是一个同类而已。学习看待人与人之间的不同,坦诚一些,有些距离产生美,却不产生孤独。

(三)从寂寞中突围

孤独可以成长为心灵的毒瘤,我们要学会积极面对生活,走出自己的小宇宙,去和这个世界的美好打招呼。改变一点,多做一点,你也就发现孤独已经俯首称臣了。

策略一:写写日记吧

父母没办法理解我们的想法,告诉同学的话又怕他们嘲笑,没有人听我说话,怎么办。写日记吧,日记就是自己和自己的对话。写日记可以让不安的情绪沉淀下来。有些人会觉得写日记其实会更寂寞,其实不然。大家都有经验,写日记就是记录一些深深影响我们情绪的事件,那就包括开心或者孤独难受的时候。两位心理学家分别做了相似但不同的实验:前者让一些人连续 4 天,每次 15 分钟写下自己痛苦经历;后者让另一些人连续 3 天,每次 15 分钟写下自己最高兴的经历。结果:不论写孤独痛苦日记的人,还是写快乐日记的人,大家的情绪都变得更加积极了。这是因为,疏导痛苦的情绪和强化快乐的经验一样,都会让人开心。为什么写痛苦日记后情绪反倒好了?有人会有疑问:对痛苦历程回顾,唤醒的不是痛苦的情绪吗?事实也是如此,连续书写惨痛经历确实使得人们倍感焦虑。但过一段时间,这个焦虑值就下降,并可长时间保持稳定。研究者分析,书写痛苦疏导了焦虑,加强了对世界的理解和自我的反思,并增强了应对能力,所以最终收获了快乐。

我们都有这样的感受,在日记上宣泄完我们的郁闷之后,我们就感觉好多了。过了一些日子,我们在回头看之前写的日记,会觉得那时候的自己有点太钻牛角尖了,其实没什么。通过这种记录,可以更了解我们自己了。把那个孤独寂寞的你留在日记本,然后清空你的脑袋,重新拾起那个自信快乐的你,把孤独远远地甩开。

策略二:打开你的视野,这个世界很美好

我们孤独很大程度上因为我们自己要负很大的责任,我们自己愿意孤独,为什么呢?大概是因为我们觉得自己以外的世界没什么了不起的。你有没有想过是自己误解了这个世界呢?选择多一点了解,给这个世界、他人和自己一个机会吧。

阅读。书中自有黄金屋,书中自有颜如玉。书中的财富可以丰富我们的精神世界,精神世界强大的人是不怕寂寞孤独的。一本好书就是一个良友。孟德斯鸠说道:"喜欢读书就是把生活中寂寞的时光转换成巨大享受的时刻。"可见阅读对于驱散孤独感具有很深刻的作用。

拍照。拍照最能让人注意生活细节,花瓣晨露、美丽晚霞,无不尽收眼底。欣赏大自然的美丽会使孤独感大大减轻。有专家表示,随身带上相机,适时抓拍照片,能让你找到乐趣。

策略三:找个伴一起去运动吧

有句话说得好:四体不勤烦恼生。去活动活动自己的身体,心情就不会那么孤独了。去骑骑自行车,去跑跑步,重要的是要找一个伙伴。荷兰运动心理专家指出,在疲劳的状态下,人最容易孤独,如果你常常一个人运动,很容易产生轻度抑郁,因此去健身房或与人结伴运动是更好的选择!

结伴运动的好处是如果你不善于与人交往,那么与相对于两个人静静地相处需要很大的对话不同,动作使我们专注在自己的活动上,减少了很多尴尬,同时找到一个共同的话题,很容易自然就相处得很愉快。此外,还制造了一次难忘的回忆,可谓一举数得。

策略四:走出孤独的囚室,转移注意力

当你感到孤独得空气都让你有点喘不过气来,一切都显得很沉重的时候,不要再待在让你感到孤独的地方,例如空荡荡的家里,没有生气的教室。去找一个空气流通的地方,深呼吸。甚至于去公园转转,看看风景,看看人群,转移一下注意力。可以的话约上几个好朋友一起去喝咖啡,一起聊天侃大山。

感觉孤独的时候,不要一个人待着,赶快融入到人群中去。给自己更多的选择,不要一条道走到底,最后走进无人的死胡同。让自己忙碌起来,先把孤独放在一边,其实没那么难。

策略五:提高对他人的兴趣,主动关心他人

心理学家发现,孤独的人有一些行为,常常使他们处于一种不讨人喜欢的地位。比如他们很少注意谈话的对方。在谈话中只注意自己，同对方谈得很少，常常突然改变话题，不善于及时填补谈话的间隙。因为我们只关注自己而忽略别人。其实道理很简单，就好比，爱与施，我国古代伟大的哲学家孟子说过："爱人者人恒爱之。"主动关心别人，别人自然会关心你。

摆脱孤独，说白了，就是除了自己精神世界的丰富之外，还要体现在人际交往上。我们不难发现，相互认同、情感相容、行为相似的人更容易交往。我们可以看看身边的人最近都在关注什么有趣的事，为什么他们觉得某件事情那么有趣呢？你看，有一个人在对我微笑，他是在对我示好吗？那么，让我也回报给他一个微笑吧。学会一些人际交往的技巧，例如如何讲话，面带笑容等等。

策略六：接受别人的帮助，允许他人进入你的生命

承认自己需要帮助并不是一种懦弱的表现，相反是一种很有勇气的行为，对于解决孤独寂寞也更有帮助。当你需要人陪伴的时候给他人一点暗示，不要理所当然地认为别人时时刻刻知道自己的想法，要多多沟通。孤独在你生命中逗留越久，它会变得越难缠，因为否认不能摆脱孤独，否认只会让孤独在你生命中日积月累。让别人拉你一把，学着去信任别人，就像电影《心灵捕手》中的主人公，打开心扉才能收获更加丰富的人生。

◎做一做◎

青少年：对比先前写下的东西，再想一想，自己是因为什么觉得孤独的，上述策略中你能否找到适合你的，或者你还有什么好的主意呢？

_____

家长：孩子的孤独你是否已经可以理解了呢？你打算如何做来纾解他或她的孤独感呢？

_____

自我反思

我们已经不是那个在妈妈怀里只懂得撒娇的小孩了,我们长大了,我们要学会的东西很多,也许现在的你并不是最好的你,但是千万不要感到无力,感到孤独。通过这一小节的学习,我们知道了孤独的原因,知道了孤独取决于我们自己的观念和行为。承认自己的孤独是第一步,然后做出改变吧。你还有什么收获呢?请写下来,也许此刻的你已经有所不同了!

第四节　逃出鬼屋——恐惧

引言

> 恐惧是一面哈哈镜，它那夸张的力量把一个十分细小的、偶然的筋肉悸动变成大得可怕、漫画般清楚的图像，而人的想象力不从心，一旦被激起，又会像脱缰的马一般狂奔，去搜寻最离弃、最难以置信的各种可能。
>
> ——［奥地利］斯蒂芬·茨威格

　　11岁的小奥之前和同学去公园的"鬼屋"探险，此后小奥每天晚上都会做噩梦，在睡梦中哭醒。他说自己经常梦到鬼屋里吓人的场景，被吓醒了。吓醒之后，必须有人陪着才能入睡。现在小奥一提起鬼屋就很害怕。

　　其实，我们每个人会说出很多恐惧的经历。例如考试害怕通不过，爬树的时候害怕掉下来。其实无论是大人还是小孩，都会对某些事物感到恐惧，例如怕小动物，怕雷电，怕火，怕黑，怕陌生人，甚至于对不存在的或者接触不到的食物也会恐惧，例如魔鬼、妖怪、狼等等。小奥对鬼屋探险后留下了心理的阴影。

　　恐惧就像一股神奇的力量，让人惶恐不安，让人相信灾难就要降临到自己身上，恐惧是最具有神秘色彩的情绪，现在就让我们揭开它神秘的面纱。

林阳:考试让我吃不消

林阳同学在初中时学习成绩优秀,尤其是文科成绩,凭着自己过人的记忆能力以及勤学踏实,在初中成绩一直不错,在中考中也发挥出色,进入了数理特色班。但是进入高中后,几次月考,他的成绩都不是很理想,包括他一直认为比较拿手的政治科也不是很突出。加上自己的理科基础不是很扎实,在面对激烈的竞争时,林阳同学开始变得有些沉默,后来在考前不管是大考还是小考,他总是很紧张,常常失眠、焦虑,害怕自己考不好。越是这样,他的成绩越是不能提升,这已让他开始走向自卑。

◎想一想◎

林阳在考试前为什么会失眠、焦虑呢?在现实中我们遇到这种情况的时候该怎么办呢?

问题探析

林阳很明显有"考试恐惧症",这种病症主要是因考试压力引起的一种心理障碍。主要表现在迎考及考试期间出现过分担心、紧张、不安、恐惧等复合情绪障碍,还可能伴有失眠、消化机能减退、全身不适和自主神经系统功能失调症状。这种状态影响考生的思维广度、深度和灵活性,降低应试的注意力、记忆力,使复习及其考试达不到应有的效果,甚至无法参加考试。有的考生因此反复逃避考试,严重者可发展为恐学和厌学。

林阳为什么会有考试的恐惧呢?其实是有迹可循的。首先是评价的压力,林阳初中的时候成绩很好,可能社会、父母对他的期望就很高,认为他要一直保持优秀。其次是他自己的自我评价也会很高,他把分数看得太重了,认为如果考不好,上不了好大学,自己以后的前途就完了,过度担忧让他陷在考试失败的阴影中,无法自拔。还有,可能是高中学业的繁重和过度学习,忽视休息导致大脑的疲倦。加上有过考试的阴影,让他更加没有自信,更加害怕考试。如果这种考试的恐惧不及时纾解,那么失眠、焦虑的症状会越来越严重。林阳的学习也会被耽误。

要解决这个问题,就要打败恐惧感。首先要放松自己,不要让压力压倒自己。心理压力水平与人们的活动效果之间呈倒"U"字型曲线关系,即压力过低或压力过高都不利于学习,只有适当的压力才有助于更好地提高学习效率。其次,加强和父母的沟通,正确看待自己的成绩,找回自信,从哪里跌倒就从那里站起来。

深入阅读

(一)了解恐惧——恐惧和恐惧症

恐惧,是惊声尖叫?还是不停颤抖?恐惧其实就是人们面临危险时所产生的惧怕和不安的情绪。恐惧作为人的一种心理现象,常常表现在受到强烈压制的痛苦中,往往导致人们惊慌失措,丧失自我控制的能力,造成行为上的胆怯。

看看下面的例子，让我们更加直观地了解恐惧和恐惧症。

例一：蜘蛛，甚至于最小的那一种，都能让尼尔的心悬起来，天花板上挂着的蜘蛛网让他很不舒服，即使蜘蛛其实并不能伤害到尼尔，但他还是吓坏了，他觉得他必须离开那个房间。其实平时尼尔很少见到蜘蛛，但是蜘蛛已经把他笼罩在一张恐惧的网里。

分析：尼尔的行为属于对特殊事物的恐惧，即遇到通常无害的事物或处境，以极度害怕为特征的恐怖，而这类特殊恐惧的人，虽然知道自己恐惧的事物很大程度上不会伤害自己，自己过分担心了，但就是控制不住自己害怕的情绪，有点杞人忧天的意思。例如不敢坐飞机因为害怕飞机坠毁，拒绝待在密闭的空间里是害怕陷阱，不敢攀高是害怕坠下。虽然担心的事发生的几率很小或不会发生，但恐惧感总是无法消除。

例二：她认为自己是个怪人，有个害羞的怪毛病。两年多来，从不多与他人讲话，与人讲话时不敢直视，眼睛躲闪，像做了亏心事一样。一说话脸就发烧，低头盯住脚尖，心怦怦跳，浑身起鸡皮疙瘩，好像全身都在发抖。她不愿与班上同学接触，觉得别人讨厌自己，在别人眼中自己是个"怪人"。最怕接触男生，即使在寝室里，只要有男生出现，她也会不知所措。对老师也害怕，上课时，只有老师背对学生板书时才不紧张。只要老师面对学生，她就不敢朝黑板方向看。常常因为紧张对老师所讲的内容不知所云。更糟糕的是，现在在亲友、邻居面前说话也"不自然"了。由于这些毛病，她极少去社交场所，很少与人接触。

分析：这个例子说的是社交恐惧症。有这类恐惧的人害怕和他人相处时感到窘迫、蒙羞或遭到轻视，所以在社交中会有明显的不安或焦虑。

例三：小明描述说，一种莫名的惊慌，呼吸持续加快，觉得自己好像要窒息了，心脏也跟着猛烈跳动，而腿则软瘫无力全身冷汗淋漓。

天桥似乎无尽延伸着,让他既难以前进,又无法后退。他不知道自己为什么突然会有那种反应,但从那一天起,他就再也不敢一个人过天桥了。

分析:小明的恐惧属于广场恐惧症。这类人害怕到公共场所或到人多拥挤的地方,例如去开会或去商场购物,在公共汽车、火车等交通工具上也非常害怕、紧张。

以上三种属于恐惧感相当严重从而导致了神经症,也是最常见的恐惧症。不同于我们平常说的"害怕"。其实恐惧感是一种正常的人类情绪,就像快乐、孤独、焦虑、嫉妒一样经常出现在我们身上。当我们提到毛骨悚然、心惊肉跳、不寒而栗、惊魂未定、大惊失色、一朝被蛇咬十年怕井绳等等时,我们就感觉到了恐惧。

当我们越了解它,就越能控制它。

(二)恐惧知多少

1. 恐惧是我们学习到的?

恐惧是如何产生的? 在很长的一段时间里,人们认为恐惧是先天的,但是最近有研究发现,恐惧是学来的,并不是先天的。科学家用猴子做实验,刚出生没见过蛇的猴子幼崽隔着玻璃观察蛇,猴子并没有表现出害怕。而当它目睹它的妈妈见到蛇表现出的惊恐,它才意识到蛇可能对它们有害,随着也表现出害怕。

行为主义学派的心理学家华生也曾经用条件反射的方法让一个婴儿学会恐惧像兔子一样毛毛的物体。我们在现实生活中也学习到的恐惧感,例如观看恐怖片时我们会感觉到恐惧。

也有一些人认为恐惧是经我们的祖先在进化过程中遗传给我们的。例如大多数人都会恐惧黑暗,是因为在原始时期,人类害怕野兽的袭击,选择在夜晚的时候待在洞穴里。这种"生存技能"随着变成一种"常识"一代又一代地传下来。

2. 深呼吸会加重恐惧感

深呼吸是我们放松最常用的法子,我们经常说深呼吸让我们的大脑放松,这几乎是一种人人皆知的常识了。但是最近美国南卫理公会大学艾丽西娅·莫雷博士及其同事表示浅呼吸可以大大减轻人们的恐慌感,但是深呼吸反而会加重恐惧感。

3. 无知可能导致恐惧

有时候我们感觉到害怕、恐惧,很大的原因是我们缺乏对事物的认知。古时候的人不知道月食是一种自然现象,所以每当出现月食,人们就以为是天神发怒,产生恐惧感。现在我们知道了月食只不过是一种自然现象,不会对我们产生危害,对月食的恐惧感自然就消失了。

4. 光对恐惧的作用

我们都知道大部分人对黑暗有恐惧心理,这是不是和光有关系呢? 心理学家布赖恩等研究发现光的调节可以影响恐惧。缺乏光可以是恐惧的来源,但是增加的光可以用于减少恐惧。

5. 恐惧反应

"我经常从半夜醒来,全身冒冷汗,四肢发麻,呼吸短促、心脏无力,几乎要窒息而亡,好恐怖,我担心我会不会就这样死掉?""事情毫无预警地发生了,那天就走在路上,我忽然觉得心跳猛然地加快,又喘不过气来,整个人就要窒息,我完全失去控制,感觉自己就要疯掉,好像就要死掉,那真是我这一辈子最恐怖的经验。"

这是恐惧的身体反应,通常是心跳加快,瞳孔张大,肌肉紧张,汗毛竖起等等。

"夜晚睡觉的时候,我总是用被子蒙着头睡觉,我一直想有东西会忽然出现,或者它已经出现了……有时候我会探出头偷偷快速地看一下,真的有人在那里! (其实可能是衣架的倒影而已)"

这是恐惧的心理。当你过度恐惧，其实是你过度注意一件事并把它无限放大，加上自己丰富的想象力，所谓的"自己吓自己"就是这个意思，这个也叫恐惧的放大镜作用。

除了身体和心理的反应，还有行为的反应，这就是著名的"3F"原则，即：Fight(战斗)，Flight(逃跑)或者Freeze(静止不动)。我们通过一个著名心理实验来说明：

首先我们让一只小狒狒独自待在一个笼子里，然后让一个陌生人来到房间，狒狒可能会有剧烈的身体恐惧(心跳加快)和心理体验(把陌生人看作一个捕食者，可能会伤害它)，但是他的反应可能会因为实验者的不同行为而不同。如果实验者不去注视着小狒狒，那么小狒狒会选择Freeze(静止不动)。如果实验者一直看着小狒狒，那么它的恐惧会促使着它进行着Fight(战斗)，例如它会吼叫，露出牙齿，摇晃笼子。而如果狒狒不在笼子里，它可能会愿意选择Flight(逃跑)。

(三)恐惧的影响

1. 恐惧是绊脚石

恐惧理所当然要承受人们的批评。因为恐惧，我们在很多事情面前举步不前。一个害怕乘飞机的人要花比别人好几倍的时间才能到达目的地。一个空间幽闭症者可能没办法乘电梯。恐惧考试可能使我们学习成绩下降。此外，恐惧还影响着我们的健康，导致失眠、肠胃不好等等。

2. 恐惧惑易使人产生误判，倾向自我保护

当有毒的蛇或蜘蛛靠近时，你是否觉得它不停逼近你，害怕指数直线飙高？美国和英国科学家有一项研究指出，恐惧感会影响人的空间认知，但我们判断威胁物和我们之间的距离时，常错误地缩短距离，其实没有那么近。

研究人员说,平常人们判断朝自己前进的物体时无误,感知能力可以完全被发展,但若是在恐惧下,认知能力就会弱化。

3. 恐惧促使我们解决问题

巴黎一位教授曾经做过这样的实验,假使有人把一只小山羊拴在一只柱子上,并且不给它水和食物,它也许会一直老老实实地留在那里直到饿死。但如果再把一只饥饿的狼放在小山羊附近,那么这只羊会立刻挣扎不已,甚至扭断了腿也要逃走,可见恐惧产生的力量。有时候,人也一样,恐惧有时能激发我们做出非常之举,想尽办法摆脱眼前的危险情景。

4. 恐惧诉求在广告中的传播效果

说起广告,我们是一点也不陌生的,各种各样的广告充斥着我们的生活。但是你知道吗?很多广告其实运用了人们的恐惧诉求心理。例如,宣传不要酒后驾车的公益广告,一般都是先呈现出酒驾后车毁人亡、家庭破裂等的画面,然后发出"不要酒驾"这个号召,大众在接受这个信息时想到的是"假如我酒驾就会有可能造成死亡",内心就有一种恐惧感。因为恐惧死亡,所以要避免能造成死亡的酒驾行为,从而达到广告的宣传作用。又如宣传某一种保健品,一般广告会先"危言耸听",指出现在人们的健康水平很差,有这病那病的,看广告的人会"对号入座",内心有一种"自己是不是也可能有这些病症"的恐惧,最后广告中宣传的"用了这个产品就可以解决你的担忧"这个暗示成功植入人们的心理,从而产生购买行为,这其中运用的就是人们恐惧自己生病的心理。

5. 恐惧可以传染

恐惧是可以传染的,而且传染很快。实际生活中我们经常见到:当一个人受到惊吓而发出吼叫声或做出异常的动作时,周围的人也会不寒而栗。例如,宿舍里忽然有人尖叫一声,我们也会同时吓了一跳,慌慌张张,内心有一种恐惧感,害怕发生了什么事情,直到舍友解释只是看见了一只蟑螂,我们才会舒一口气,恐惧感慢慢消失。恐惧之所以传染得那么快,可能是选择"恐惧"可以让我们提高警惕,做好心理准备面对即将可能发生的危险。

(四)恐惧世界无奇不有——十大恐惧症

恐惧黑暗,恐惧蛇和蜘蛛,恐惧鬼神,恐惧攀高这些都是比较常见的恐惧症,有点不足为怪了。但是,现实中其实还有很多其他的,鲜为人知的恐惧症。下面就列举了十大恐惧症。

星期一恐惧症

星期一恐惧症主要有精神萎靡不振、身体疲乏、焦躁易怒等症状,因其多发于星期一故而得名。

为什么会有星期一恐惧症?有一种解释是说人们从星期一到星期五聚精会神于工作和学习,形成了与学习工作相适应的动力和秩序。但到了双休日,人们会把学习和工作暂时搁置,把原来建立起来的秩序破坏了,双休日过后,由于要全身心投入到忙碌中,要重新建立或恢复已破坏的动力和秩序,或多或少会有不适应,这就是所谓的"星期一恐惧症"。

密集恐惧症

密集恐惧症其实是一种心理暗示导致的,就是人们会对密集物体发生本能的恐惧心理。所谓的莲蓬图正是利用这一点吓到不少人,图片本身并不恶心,只是一种心理反应而已,类似于有人有恐高症,有人有尖锐物体恐惧症等,会造成人心理不适,精神紧张,重要的是看见周围类似的物体就会产生过敏反应。

时间恐惧症

时间恐惧症是强迫症和拖延症的结合。拖拉是阻碍成功的绊脚石,但它却时常伴我们左右。明明认为自己可以在 5 天内完成的事,所以在离期限还有 15 天的时候一点都不着急,直到最后剩下 5 天了才不甘心、不情愿地开始。现实生活中我们是临时抱佛脚,不到最后一刻绝不动手做,又由于时间的限制,所以会显得很紧张,很害怕做不完。明明告诫自己下次早点做,但还是"屡教不改",虽然不甘愿,却一直生活在最后时刻被时间追赶的恐惧中。

手机恐惧症

手机恐惧症"患者"每天担心手机信号中断和手机在关键时刻没电。心理学家说,这种看似不是病的"病"是人因日常工作压力和负荷过多产生恐惧感,表现在手机上。一种能屏蔽手机信号的"手机休息袋",在北京等城市悄然流行。手机装入"手机休息袋"后,如果有人打电话进来,只能听到自动语音提示"你所拨打的电话暂时不在服务区"。"手机休息袋"使想找你的人无法打通你的手机,还会误以为你所处的位置手机信号不好。这样,既能免遭来电的骚扰,又制造假象把不接电话的责任推到手机网络上。能起到"手机休息袋"类似效果的办法其实有很多。许多手机恐惧症"患者"同样能想出一些怪招,既令手机暂时"休息",又不用关机,把电话打不进的责任推卸到手机网络的身上。

羽毛恐惧症

羽毛恐惧症是指对带羽毛的动物,如对各种鸟类会产生条件发射式的恐惧、惊慌、害怕甚至颤抖症状。他们对羽毛鲜艳的动物尤为害怕,比如孔雀。有些人看到孔雀会感到毛孔竖立、浑身发冷震颤,有想死的感觉。

惧掉头发症

如果有人偶尔在汤中发现头发,说明他是正常的。但目前出现一群人,他们看到到处都是掉下的头发,此类人群可能已经患有"恐惧掉头发症"。目前,在希腊已出现这种"恐惧掉头发"症,这是由于患者经常在衣服上或其他地方看到掉落的头发而造成的一种对头发的病态的厌恶或恐惧。

数字恐惧症

虽然"恐惧数字13"是毫无意义的,但它仍然是最常见的一种恐惧,甚至连希特勒都是此症患者。另外,还有一种对第13个星期五的特殊症。在中国、日本和韩国更为普遍的恐惧数字症是对数字4的恐惧。

选择恐惧症

选择恐惧症,也称作选择困难症。选择恐惧,显而易见是不自信和逃避责任的心理,缺乏自立意识,害怕失败。患上这种病的人面对选择时会异常艰难,无法正常做出自己满意的选择,在几个选择中必须做出决定的时候惊慌失措,甚至汗流浃背,最后还是无法选择,导致对于选择产生某程度上的恐惧。

恐惧镜子

这种特殊的恐惧镜子症涉及对镜子的病态恐惧和害怕看到自己的影像两方面。心理分析学者桑德尔把此恐惧症状归结于两个主要原因:害怕认知自我和恐惧自我暴露。这类人群往往不敢面对镜子,恐惧正视自己和暴露自己,甚至将自己封闭起来,久而久之会产生严重的自我封闭。

断网恐惧症

心神不定,突然没有了网络,就会觉得很慌,不仅无聊,更不知道事情要从哪里入手。随着网络的崩溃,整个人也处于崩溃的状态,觉得一切工作都无法继续,一片混乱。现代化的生活和工作总是离不开网络,虽然网络给人们带来了更多便捷,但是网络带给我们的不良影响也有很多,比如长期使用电脑对视力的影响,电脑辐射危害着人们的身体健康等。

解决策略

（一）克服恐惧

1. 多学习，克服无知带来的恐惧

上面我们提到人们对于不知道的事物可能会产生恐惧，那么假如我们平常多学习，知道事情的规律，知道怎么处理事情，那么就不会有恐惧感了。从这一点来说，我们要做的是平时注意提高对事物的认知能力，扩大认知视野，判定恐惧源，认识规律，确立正确的目标判断，提高预见力，对可能发生的各种变故做好充分的思想准备，就会增强心理承受能力。

2. 要培养乐观的人生情趣和坚强的意志

乐观和坚强的人即使在遇到恐怖的事情的时候也能保持镇定，不慌不乱，掌握主动权，克服了恐惧。我们可以学习英雄人物的事迹，用英雄人物勇敢顽强的精神来激励自己。在平时的训练和生活中有意识地在艰苦的环境下磨炼自己，培养勇敢顽强的作风。这样，即使真正陷入危险情境，也不会一时就变得惊慌失措，而是沉着冷静，机智应付。另外，平时积极参加加强心理训练，提高各项心理素质。

3. 应激性恐惧时的放松法

忽然被某事吓到，产生了恐惧感，会有心跳减速、流汗等等情况发生，这时候需要及时放松。我们可以舒适地坐在沙发或椅子上，把休息的指令传达给全身各部位，然后放松脚尖，再逐渐向上放松脚腕、小腿、膝盖、大腿，当松弛到肩部后，再转向两手指尖，最后按摩脖子、脸、头部，按顺序放松。通过肢体舒展和心理暗示可以很好地缓解恐惧。

4. 想象练习减少恐惧感

通过想象练习可以减少恐惧,例如对可能发生的各种情况先做个预见,然后在头脑中模拟一遍,确定就算发生了意外也有"B计划"救场。这种心理上的建设有利于减少像面试恐惧、演讲恐惧等等产生的恐惧感,克服"我会犯错,我会出糗"的心理。

5. 系统脱敏法

这是心理学上治疗恐惧症很专业的方法,这个方法讲求的是一步一步克服恐惧。例如克服恐惧蜘蛛,我们可以先找出可以接受蜘蛛的距离,然后一步步向蜘蛛靠近,当恐惧感产生时,我们可以先暂时停止前进,马上进行自身的鼓励和心情平复,在确定自己可以继续前进时再接着往前走,直到可以近距离无恐惧地观察蜘蛛为止,你就获得成功了。这个方法需要旁人的帮助,临床的运用证明很有效果。

6. 大声喊叫减少恐惧

最近,美国大学洛杉矶分校的研究人员发现,在面对恐惧的时候,大声地说出真实的恐惧心理,例如"我现在很害怕,这个东西真恶心,我感觉到心跳加速"等等可以减少恐惧感,相反,面对恐惧物体一言不发的人恐惧感会加强。当你恐惧的时候不妨大声喊叫,述说恐惧心理,可能有助于排解一些负面的情绪。

◎做一做◎

青少年:除了这些,你还想到什么有用的方法吗?请写下来:

_____

_____

家长:我们看到家长的鼓励和教育对于克服恐惧是十分重要的。假如你的孩子现在面临着恐惧,你会如何帮助他呢?请你和我们分享一下:

_____

_____

(二)实施"反恐计划"

1.如何逃出鬼屋

还记得这一小节开头介绍的小奥吗?现在我们学习了克服恐惧的方法,我们也来帮帮他克服对于鬼屋的恐惧吧。

首先,我们分析小奥的恐惧和知识欠缺、生活经验贫乏有关系,父母可以多与孩子沟通,讲明事情真相,告诉小奥鬼屋里的恐怖是人为制造出来的,现实世界里并不存在鬼神,让小奥明白他所害怕的事,现实中是不会存在的,不造成危险。除了用语言给孩子讲道理外,我们还可以引导孩子去实际观察。如对一个害怕黑暗的孩子,你可以让孩子听听风吹树叶发出的响声,告诉他白天、晚上树叶发出的响声是一样的,孩子亲自看到、听到,也就不会有奇怪的想法了。

再者,可以运用心理学上的系统脱敏法来克服恐惧。父母可以带着小奥再去一次公园的鬼屋,在鬼屋里父母要一直陪同在身边,当小奥害怕的时候就要进行鼓励,甚至亲身走进"鬼屋",给孩子做榜样。或者利用一些影片和图片等进行脱敏。

最后,要注重家庭气氛的培养。建立和谐、安全的家庭心理气氛对克服孩子恐惧心理非常重要。孩子恐惧心理来自他们对外界的一种不安全感,让孩子感觉到安全,多给他们一些关爱,让他们明白有爸爸妈妈在,什么都不用害怕,就会减轻孩子害怕的情绪。

2.打败问题计划

当你面对恐惧的问题时,可以拟订一份作战计划,更有规划的面对恐惧,增强你面对的信息。

(1)写下你的敌人——让自己或他们烦恼的问题是什么

(2)你准备如何应战——描述你自己的策略

(3)偷袭策略——以新的方式处理问题,出其不意最重要

(4)全面封杀计划策略——把所有想得到的方法写下来

(5)什么时候是最好的应战时机——选准最好应战时机

(6)谁是你的战友——谁能帮你解决问题？他们该如何帮忙？

(7)指定停战区——可提供你自己休息的时间和地点

(8)敌人诡计多端,敌人会如何破解你的战略——问题将如何让阻碍你的计划

(9)你的和平条款是什么——哪一部分是你可以妥协的？哪一部分是你绝对坚持的？

(10)你怎么知道自己胜利了——问题获得解决的情形

(11)战争结束后,未来的前景为何——问题解决后,一切将会如何呢

◎做一做◎

按照上面的步骤,你也可以理清你的作战计划了

(1)写下你的敌人＿＿＿＿＿＿＿＿＿＿＿＿＿＿

(2)你准备如何应战＿＿＿＿＿＿＿＿＿＿＿＿＿

(3)偷袭策略＿＿＿＿＿＿＿＿＿＿＿＿＿＿＿＿

(4)全面封杀计划策略＿＿＿＿＿＿＿＿＿＿＿＿

(5)什么时候是最好的应战时机＿＿＿＿＿＿＿＿

(6)谁是你的战友＿＿＿＿＿＿＿＿＿＿＿＿＿＿

(7)指定停战区＿＿＿＿＿＿＿＿＿＿＿＿＿＿＿

(8)敌人诡计多端,敌人会如何破解你的战略＿＿＿

(9)你的和平条款是什么＿＿＿＿＿＿＿＿＿＿＿

(10)你怎么知道自己胜利了＿＿＿＿＿＿＿＿＿＿

(11)战争结束后,未来的前景为何＿＿＿＿＿＿＿

在这个反恐计划中,有一步是要找到自己的战友,所以我们可以在此基础上寻找我们的恐惧特工队:

3.建立恐惧特工队

克服恐惧如果只靠抗恐惧者本身是很困难的,要善于团结周围的人来帮助自己。美国的郎达·布里顿提出要组建自己的恐惧特工队,所有你认清是你朋友的那些人,都是你的恐惧特工队的重要队

友。同时,在朋友里要找到核心队员,这些核心队员必须是那些在你受打击的时候还在身旁为你加油呐喊,在你成功的时候他们也会欣喜若狂的人。

• 谁是你的拉拉队

拉拉队员就是为你打气,给你无条件的爱和支持的人。他们会说:"你可以面对这项挑战,因为你是你,发挥你自己的潜质,你一定可以!"

• 找个有智慧的顾问

克服恐惧需要的不仅仅是鼓励,还有对于问题清楚的看法,这时候你要去你的恐惧特工队里寻找你的智慧顾问。智慧顾问的责任就是帮你理清事情。通常是你的父母,有经验的长辈,甚至于各个领域的专家。

• 强有力的伙伴

如果你恐惧一件事时,你的伙伴可以在一旁帮你做一些事情。例如,克服恐惧异性时,同性朋友的陪伴很重要,有时候他们还要示范面对你恐惧的东西,然后告诉你,他们在面对那些恐惧事物时没有受到任何伤害。

◎做一做◎

你也来寻找属于自己的特工队吧。

拉拉队:＿＿＿＿＿＿＿＿＿＿＿＿＿＿＿＿＿＿＿＿

智慧顾问:＿＿＿＿＿＿＿＿＿＿＿＿＿＿＿＿＿＿

伙伴:＿＿＿＿＿＿＿＿＿＿＿＿＿＿＿＿＿＿＿＿

自我反思

每个人都是在与生活的奋斗中成长起来的,我们要学会面对那些使我们恐惧的事物,克服它,我们就会快速地成长。我们探讨了恐惧的原因、恐惧的影响、克服恐惧的方法,还制订了计划。你可以说,看,我们是有备而来的。我们还学习到了勇气。只有拥有勇气,我们才能走出那个黑暗的鬼屋,重新寻回内心的那一份宁静。希望你也学到知识和获得勇气了。把它们和我们分享一下吧。

第五节 青春啊,我该拿你怎么办——焦虑

引言

焦虑比劳累更伤人。

——西方谚语

在过去的几十年里,社会、科技、经济飞速发展,我们不得不承认新一代人生活的环境更富裕、更健康、更安全,但这是不是意味着处于这个阶段的人就无忧无虑,想干什么就干什么,想有什么就有什么呢? 在现实社会生活中,我们经常会听见抱怨的声音、哀叹的气息以及焦虑的声响。 那究竟什么是焦虑? 焦虑是好还是坏? 什么样的环境容易让人产生焦虑? 产生焦虑后我们又应该怎样面对呢? 心理学家对以上各个方面都进行了大量的实证研究,可以帮助我们形成对焦虑的正确认识与理解。

琪琪究竟怎么了？

琪琪，女，13岁，汉族，现初三学生，出生于教师家庭，家庭气氛和睦。琪琪从小聪明好学，但性格懦弱、内向、没有主见。刚上初中，父母就为她下达死命令，一定要考重点高中。进入初三后，父母对琪琪更是关心，对学习的要求也更加严厉，经常给琪琪分析现今严峻的局势：上不了好的高中就考不上重点大学，没有重点大学的文凭，以后就不会有自己想要的生活。面对巨大的心理压力及繁重的学业负担，琪琪显得力不从心。虽然平时很努力地学习，但在几次的测验中都没能取得好成绩，平时会做的题目，考试时也做不出来。马上就要摸底考试了，这几次的摸底考试老师家长都非常重视，成绩会全县排名，老师还说，根据历年经验，这些成绩和中考成绩很吻合，要求同学们发挥出好成绩，以增强自信心。对此，琪琪更是忧心忡忡，上课不能集中精神，脑子乱糟糟；晚上怎么也睡不着觉，东想西想；饭也吃不下，食欲不振，摸底考试也不想参加了。一想到中考，更是紧张得不能呼吸。

◎想一想◎

琪琪在担心害怕的是什么？究竟是什么让琪琪这般忧心忡忡、寝食难安？

问题探析

琪琪的上述情况，是考试焦虑的典型体现。青少年，尤其是处于毕业班的学生，面临着巨大的学业压力，加之父母过高的期望，老师频频的督促，让其瘦弱的肩膀不堪重负，压弯了腰。考试焦虑是青少年中很常见的一种情绪体验，那是不是只要有这样的情绪情感体验就一定会带来不良的后果呢？考试是不是就一定会名落孙山呢？显然，答案是否定的。适当的考试焦虑有助于提高青少年的学习积极性，青少年为了在考试中取得良好的成绩，积极学习，认真备考，最终获得理想的结果，这是正确的。而过度的考试焦虑，就像上述案例中提到的琪琪一样，把考试结果、分数的多少看得太过于重要，会给自身带来很大的负担，这是消极的。青少年要学会敏锐地察觉自己的心理状态，合理地控制自己的情绪体验，给自己一片蔚蓝的天。

深入阅读

(一)焦虑是什么？

关于这个问题，心理学家做了以下的专业解释：焦虑是担忧、愤怒、痛苦、内疚和恐惧等情绪的组合，是一种复合情绪。个体由于不能达到目标或不能克服某种障碍、困难，而致使自尊心与自信心受挫，从而产生紧张不安的心理状态。

我们再来看几个同学在不同情境中的心理体会，可以加深我们为对焦虑的认识：

1.老师让我上台分享自己学习方法，我的心跳得好快，脸"刷"地一下红到了耳根,我该怎么办呢?我应该讲些什么呢?要是讲不好,老师会不会批评我,同学会不会嘲笑我呢?

2.青春期的我很受青春痘的喜爱,满脸都是它们的痕迹。校庆马上就要来了,还要登台表演呢,同学们一定会盯着我看,我一定会出丑,我应该怎么办呢?

3.马上就要中考,感觉自己什么都没有复习好,好多书都没有看完,好多题都还不会做。上课不能集中精神、课后不能静下心来好好复习、晚上不能好好睡觉,总感觉"恶魔"就在身边,自己一定考不上理想的高中。

◎想一想◎

你是否也有遇到过相似的情境?产生过相似的情绪体验呢?

精神病学上有一个词汇——"焦虑症",我们或许会疑惑是不是所有的焦虑情感就是焦虑症?究竟什么是焦虑症?焦虑症会有哪些特点?心理学家对焦虑及焦虑症做了以下的区分:

焦虑区别于焦虑症,在日常的生活当中,人人都会面对问题,面临挑战,自然而然,也都会或多或少地产生焦虑情绪,这是很正常的现象。而焦虑症则是一种心理障碍,患有焦虑症的人,表现出与处境不相称的、没有明确对象和具体内容的紧张不安和恐惧惊慌,并伴有一定的躯体症状,如:头晕、胸闷、心悸、呼吸困难、口干、尿频、尿急、出汗、震颤和运动性不安等,严重影响人们的工作、生活以及学习。焦虑的情绪体验,如果不能很好调试、控制就有可能转化形成焦虑症,严重时会对人的整个生活造成负面影响。但我们要明白并不是所有的焦虑情节都是焦虑症,并非所有的人一旦有焦虑感就会出现上述严重的躯体症状,大多数人在面对焦虑时,还是能够好好的控制、处理它的。

(二)焦虑,五花八门的来源

1. 焦虑"从天而降"

焦虑是怎样产生的呢?是不是只会在后天的生活环境中产生

呢？相关研究已经很明确的否定了上述观点，焦虑也会"从天而降"——先天的遗传作用。

生活中，我们或许听闻过类似于这样的描述：小新和小樱是一对双胞胎姐妹，小新是妹妹，小樱是姐姐。姐妹俩的关系自小甚好，形影不离。上中学以后，由于学习的原因，两姐妹上了不一样的学校，不得已被分隔两地。一次小樱在学校发生了一点安全事故，远在他方的妹妹立即有了心电感应，感应到妹妹出了事。产生以上现象的原因曾在一时被视为一种怪异的现象，但随着科学技术的进一步发展，这个神秘的面纱已被揭开，这主要是基因的作用，即遗传。

心理学家在这方面也有相关的研究——双生子研究，主要考察双胞胎与常规兄弟姐妹在某种心理状态上的区别与关系。双胞胎，他们之间有着相似的遗传基因，而常规的兄弟姐妹，在相比较下情况则相反，他们的基因相似率会低一些。研究结果证明双胞胎中如果有一方遇事很容易感到焦虑的话，另一个遇事产生焦虑的可能性也越大，他们之间存在高度的相关，而在常规兄弟姐妹的研究中则没有这样的结果。由此我们可以推算遗传是影响焦虑产生的一个因素，焦虑是会"从天而降"的。

2. 社会环境——滋生焦虑的"摇篮"

（1）焦虑从"比较"中而来

你的心理是否现在或曾经有过这样的观念："我一定要比别人优秀"，"我一定要做到最好"？如果有，这是很正常的心理。青少年处于身心加速发展的关键时期，身心发展的不平衡性是这阶段的典型特征。这阶段，大多数青少年对生活、工作、学习都有着满腔的热情，渴望通过努力奋斗，使自身价值得到最大程度的发挥，找到属于自己的一片天空。适度的社会竞争、社会比较，有助于激发人的积极主动性，但是过度的社会比较、社会竞争，容易引发消极的情绪体验，如：焦虑、抑郁、自卑等，认为自己一无是处，毫无价值，给人带来巨大的心理压力。我们应该学会给自己制订适当的目标，与适当的目标做比较,否则焦虑会从"比较"中来!

（2）焦虑从"谈论"中而来

"八卦周刊""娱乐头条""新闻曝光"等等,是我们茶余饭后经常关注的焦点。我们或许会因为一个人的正义之举而感动至深,会因为一个人的悲惨遭遇而痛哭流涕,会因为一次恶性事件而批评指责!但隐含于其中的心理问题,我们是否仔细地思考过？随着信息化时代的到来,信息网络变得更加四通八达,舆论带给人的影响也越来越大。正面的事件通过社会舆论的作用可以发挥更大的价值,如:环保形象大使等。消极的事件,通过舆论的作用,一方面可以起到警告的作用,但另一方面因此而带来的负面影响也可能会给当事人带来巨大的心理负担,会对其身心健康产生深远的影响,焦虑就是其中很常见的一种情绪体验。

（3）焦虑从"学习"中而来

洛克的"白板说"认为,人生下来都是一张张的白纸,以后的成长经历就是一支支画笔,在不同的位置、不同的时间点,为"人生"这幅图给予适当的描绘。人由自然的人变成社会的人,是一个不断学习的过程,对焦虑的学习也会在潜移默化中产生。你是否有过这样的经历或感受？经常跟优柔寡断的人待在一起,你自己也变得优柔寡断;经常和容易焦虑的人待在一起,自己对事件的感受也相当敏感,更倾向于产生焦虑体验。出现上述情况都是很正常的,也是确确实实存在于我们身边的,焦虑是会从"学习"中而来的。

（4）焦虑从"麻烦"中来

焦虑经常用"隐身衣"来隐藏自己的身体,用"面具"来伪装自己的脸庞,它经常伴随着具有挑战性的问题而来。人生存的环境是复杂的社会,经常会遇到这样那样的问题:有的问题是可以驾驭的,在解决的过程当中就显得得心应手;有的问题可能是突然发生的、超出人的意料以及能力水平的,就会给人带来巨大的压力,我们把这样的问题看成是阻碍进步的"麻烦"。"麻烦"悄然到访时,焦虑也在慢慢滋生!

（5）焦虑从"高期望"中而来

"高要求"是否会促成"高水平"？人们经常会用"人往高处走,水往低处流"这句话来激励自己,奋发向上,但这里的"高"一定是有一定限度的。盲目的高追求、高标准、高要求会给自身带来很大的心理负担,处于巨大压力下的人将很难正常地发挥自己的实力,得到理想的效果,严重者还会产生焦虑等情绪,威胁身心健康。"没有最好,只有更好"这才是人们应该追寻的目标。

3. 内心环境——焦虑生长的"土壤"

（1）"什么样的人离焦虑更近一步？"——人格因素

什么样的人更容易产生焦虑的情绪体验？什么样的人更容易为焦虑所困扰呢？人们经常这样描述到:这个人的性子很急,万事都要尽善尽美,对自己要求很高,遇到不能驾驭的事件、问题,就忧心忡忡,寝食难安！那这个人是否就真的容易焦虑呢？早期的心理学家做过相关的研究,根据不同的特征,把人的性格分为不同的类型,如:多血质、黏液质、胆汁质、抑郁质等。多血质型特点:活泼好动、善于交际、思维敏捷、容易接受新鲜事物、情绪情感容易产生也容易变化和消失、容易外露、体验不深刻。胆汁质型特点:坦率热情、精力旺盛、容易冲动、脾气暴躁、思维敏捷,但准确性差、情感外露持续时间不长。黏液质型特点:稳重、考虑问题全面、安静、沉默、善于克制自己、善于忍耐、情绪不易外露、注意力稳定而不容易转移、外部动作少而缓慢。抑郁质型特点:有较强的感受能力,易动感情、情绪体验的方式较少,但是体验持久而有力,能观察到别人不容易察觉到的细节,对外部环境变化敏感,内心体验深刻,外表行为非常迟缓、忸怩、怯弱、怀疑、孤僻、优柔寡断,容易恐惧。在现实生活中,人很少是一种单一的性格,多是几种典型性格的综合体,只是可能对某一典型性格具有较强的偏向性。不同的人有不同的人格特质,偏向于胆汁质和抑郁质的人遇事更容易产生焦虑的情绪。

◎想一想◎

自己究竟是属于什么样的人？什么样的人会离焦虑更进一步呢？

（2）"怎样的心理素质离焦虑更近？"——心理韧性

我们经常会有这样的体验：在棘手的问题面前自己感觉喘不过气来，而别人却从容淡定；自己在对可能产生的结果看得过重而使心理不堪重负时，别人却悠然自得。这究竟是什么原因使人与人之间有这么大的差别呢？心理学家指出，这都是心理韧性在"搞怪"，心理韧性在这方面起了很大的作用。心理韧性即心理的抗压能力，面对同一件事情，有的人会处之泰然，而有的人则焦虑万分、紧张不安。当今社会，选秀节目风靡一时，"超级女声"、"快乐男声"、"中国好声音"，为无数"平凡人"提供了梦想的舞台，但并不是所有的人都勇于登上这样的舞台，上去的只是一小部分，台下还有很多"仰望梦想"的人，这其中不乏因为不自信、害怕失败、紧张、焦虑而不敢上台的人，他们在台下默默地关注着，羡慕着。良好的心理承受能力，能使我们在面对机遇以及挑战时更加从容、淡定与自信，能使自己离梦想更接近。

（3）"什么样的原因探究方式离焦虑更近一步？"——归因方式

你是否有过考试不理想的经历？面对不理想的考试成绩，你是否尝试着找寻过其中可能存在的原因？面对不同的原因，你是否对其进行过仔细归类分析？如果有过，那么你的上述活动就是在进行归因。归因是寻找行为结果的原因，它总是对结果提出为什么。有研究表明：倾向于将成功的行为结果归因于自身积极努力的人，或者是将失败的行为结果归因于外界不良因素的人，自信度、成就值较高。而将成功的行为结果归因于运气、外界偶然因素的人，或者是将失败的行为结果归因于自身实力不足的人，自信度及成就感则较低，甚至更容易产生消极的情绪情感体验，如焦虑、忧伤、恐惧等。遇事多问为什么，积极寻找隐藏于结果背后的原因，是一种良好的思维习惯，但要采取适当的归因方式。良好的归因方式对健康心理的形成至关重要。

(三)我们身边的种种焦虑

1. 考试焦虑

文章开篇所举"琪琪究竟怎么了?"是考试焦虑的典型体现。对于青少年而言,学习是其主要任务。学习在促进我们成长的同时,也会给我们带来不少的烦恼——考试焦虑就是其中很常见的一个。

(1)什么是考试焦虑

心理学上认为考试焦虑是考生中常见的一种以担心、紧张或忧虑为特点的复杂而延续的情绪状态。在考试之前,考生往往会过多地担心考试的结果,认为考试对自己具有某种潜在的威胁,自然而然会产生焦虑的情绪体验。这种心理既是考生对考试具有自律性和责任心的表现,也是给学生及家长带来压力、影响其身心健康的主要原因。

(2)考试焦虑的表现及危害有哪些

以下是心理学家总结的关于考试焦虑的各方面表现以及危害:

表现:

①心理异常:紧张、担心、恐惧、忧虑,注意力差,记忆力减退,学习效率下降,情绪抑郁、缺乏自信和学习热情,过度夸大失败后果,常有大难临头之感。

②行为异常:拖延时间、逃避考试、坐立不安、注意力无法集中,考试时思维混乱,手抖出汗,视力模糊,常草草作答,匆匆离开考场。

③躯体异常:失眠多梦、头晕头痛、恶心呕吐、面色苍白、四肢发凉、胸闷气短、食欲减退、肠胃不适、频繁小便等。

危害:

①生理:休息不足,身体疲惫;食欲不振;精力下降,注意力不集中;嗜睡,头晕,无精打采。

②心理:紧张不安;与他人沟通困难,胡乱发脾气;心理压抑、害怕;信心下降,产生自卑心理。

◎想一想◎

青少年:自己是否有过考试焦虑的体验? 当时自己的心理感受及外在行为表现是怎样的? 当时自己是怎样面对的?

家长:孩子在考试期间的行为表现是否正常? 如果有异常,究竟是怎样的?

2. 社交焦虑

究竟什么使小曦如此困扰?

小曦,女,12岁,初中一年级学生。父母都是地地道道的农民,没有读多少书,家境贫寒。小曦的小学是在村小上的,班上同学的经济生活条件大致相当。在整个小学期间,她成绩优异,开朗活泼,甚得老师、同学的喜欢,最后也考上了理想中的好中学。可是到了新的学校,换了新的环境,看见别的同学背名包,穿名牌,品名品,再看看自己破旧的书包,发黄的衣服,不禁自卑起来。小曦不再像以前一样开朗活泼,勤奋好学,老是自己一个人待着,不与人讲话,她害怕自己一讲话,别人就会发现她很穷,她很差。这样的情况给小曦的日常生活带来了深深的困扰,她也明白自己这样的做法是不正确的,可就是不敢踏出第一步,积极地与人交流。如今已经发展到一与人讲话就脸红、哆嗦、紧张、害怕的地步。

(1)什么是社交焦虑

小曦的上述情况,是社交焦虑的典型表现。小曦由于家境的原因,由于攀比心理的作祟,和同伴交流、社会交往时出现了抵触、焦虑的情绪情感体验。人是群居性的动物,社会交往是十分重要的,我们需要通过社会交往来促进自身成长。社交焦虑是一种与人交往的时候,觉得不舒服、不自然,紧张甚至恐惧的情绪体验。当情形变得很严重时,就会产生社交焦虑症。焦虑症患者,不仅与"权威人士"交往困难,与普通人交往也出现障碍。日常简单的活动如:走路、购物,甚至打电话都是很大的挑战。

（2）社交焦虑的表现及危害

在现实生活中,我们会发现有社交焦虑的人存在以下的困扰及表现:小芳害怕与别人对视,害怕被人注视;小明把别人对自己的评价看得太过于重要,不能接受别人眼中的消极的自己,怕自己在人前有丢面子的言谈举止,破坏自己在别人眼中的形象;小林与人交流时极度焦虑、紧张,心跳加速,脸红,大量出汗,口干,手震,肌肉抽搐,呼吸急促等;小梅对自己抱有消极的评价,如觉得自己不被人接纳,常误认为别人的目光或注视是轻视她的表现……社交焦虑的表现是如此,那究竟社交焦虑会给我们的身心带来怎样的影响呢,相关专家对其进行了研究及总结:

①精力减退,思维混乱,静不下心等。

②阻碍社交技能的培养。

③引起学习效率的明显下降。

④严重的,还可能出现身体不适,如手脚出汗、胸闷等。

⑤阻碍社会适应性能力的发展。

◎做一做◎

从以上的描述中,你明白了焦虑的具体表现及危害有哪些吗,请填写在下面的方框中。

社交焦虑的具体表现:

社交焦虑的危害:

3. 与身体发育有关的焦虑

"肥胖"的代价

小华,男,13岁,初中二年级学生,身高153cm,体重80kg。小华自小生长在一个富裕的家庭,排名老幺,又是同辈中唯一一个男孩,爷爷奶奶捧在手心里,爸爸妈妈含在口里,叔叔阿姨疼在心坎里!从小到大只要是小华想要的,所要求的,亲人们都会尽量满足他。小华很喜欢吃东西,尤其是一些高脂肪、高热量的食物,如肯德基、烧烤、薯片等,而且每次都吃很多。到小学六年级的时候,体重一下就飙升了40斤。"庞大的身形"给小华带来了很多的困扰:生活行动不方便,老是撞这撞那;衣服不好买,老是不合适;身体不堪重荷,老觉得疲惫不堪;走在大街上,老是会迎来路人诧异的眼光以及嘲笑的指点。现在小华不再像以前那样开心快乐,经常郁郁寡欢,闷在家里。亲人们看在眼里,疼在心理,悔不当初。

小华的上述情况,是肥胖焦虑的典型表现。青少年由于自我意识的进一步发展,开始越来越关注自己的外在形象,越来越关心别人眼中的自己,如身体状况、外貌长相、身高问题等等。有的人过分地关注身体状况,把外貌形象看得太过于重要,当某一方面的条件不是很好时,就对自己悲观失望、失去信心,甚至不敢去面对众人。鉴于此,有人做过相关趣味性研究:把众明星的长得最好的部分抽取出来,如:张柏芝的眉、舒淇的嘴、刘亦菲的脸、巩俐的身材、赵薇的眼睛、范冰冰的鼻子,通过电脑合成一张新的面孔,然后找人对这张新的面孔进行评价。研究的结果是并没有很多的人认为这就是一个完美的人。这个有趣的研究启示着我们,不同的人对于外貌有不同的评价标准。最完美的部分结合在一起,也有可能获得不良的效果。况且评价人的标准又不只是外貌这一个指标,其实内在素质更加重要。人无完人,我们要学会欣赏,悦纳自己!

与身体发育有关焦虑的表现及危害:

表现：

(1)过分关注自身的身体发育好坏状况。

(2)过分关注别人眼中的自己是什么样的。

(3)对自己身体发育状况不满意，对自身条件不自信。

(4)精神萎靡、逃避相关话题，对相关事件缺乏积极性与主动性。

(5)拒绝与人交流，尤其拒绝与身体发育状况好的人做朋友。

危害：

(1)造成心理负担，致使自信心的丧失。

(2)阻碍社交技能的培养。

(3)影响自我意识的健康发展。

(4)容易产生自卑心理，对自己形成否定的认知。

◎想一想◎

自己或者是周围的人，是否有以上的困扰？其具体表现是怎样的？

◎测一测◎

了解自己当前的焦虑水平

现在我们对焦虑的含义、产生、类型、危害有了一定的了解，那究竟自己是什么样的，是否也存在焦虑的情绪体验呢？接下来我们就来完成一张问卷，看看自己的焦虑水平究竟怎么样。请根据您一周来的实际感觉在适当的数字上划上"√"表示，请不要漏评任何一个项目，也不要在相同的一个项目上重复地评定。

"1"表示没有或很少时间有；"2"表示有时有；"3"表示大部分时间有；"4"表示绝大部分或全部时间都有。

1. 我觉得比平常容易紧张和着急(焦虑)。　　1　2　3　4

2. 我无缘无故地感到害怕(害怕)。　　1　2　3　4

3. 我容易心里烦乱或觉得惊恐(惊恐)。　　1　2　3　4

4. 我觉得我可能将要发疯(发疯感)。　　1　2　3　4

5. 我觉得一切都很好，也不会发生什么不幸(不幸预感)。

                                    1 2 3 4

6. 我手脚发抖打颤(手足颤抖)。   1 2 3 4

7. 我因为头痛、颈痛和背痛而苦恼(躯体疼痛)。

                                    1 2 3 4

8. 我感觉容易衰弱和疲乏(乏力)。   1 2 3 4

9. 我觉得心平气和,并且容易安静坐着(静坐不能)。

                                    1 2 3 4

10. 我觉得心跳很快(心慌)。   1 2 3 4

11. 我因为一阵阵头晕而苦恼(头昏)。   1 2 3 4

12. 我有晕倒发作或觉得要晕倒似的(晕厥感)。

                                    1 2 3 4

13. 我呼气都感到很容易(呼吸困难)。   1 2 3 4

14. 我手脚麻木和刺痛(手足刺痛)。   1 2 3 4

15. 我因为胃痛和消化不良而苦恼(胃痛或消化不良)。

                                    1 2 3 4

16. 我常常要小便(尿意频数)。   1 2 3 4

17. 我的手常常是干燥温暖的(多汗)。   1 2 3 4

18. 我脸红发热(面部潮红)。   1 2 3 4

19. 我容易入睡并且一夜睡得很好(睡眠障碍)。

                                    1 2 3 4

20. 我常做噩梦。   1 2 3 4

总分统计

1. 测试采用 4 级评分,主要评定各种情况出现的次数。题目 5、9、13、17、19 次出现的次数越多,则表示你的焦虑水平越低,其他题目则相反。

2. 测试标准分的分界值为 50 分,其中 50~59 分为轻度焦虑,60~69 分为中度焦虑,70 分以上为重度焦虑。

以上量表为焦虑自评量表,衡量的结果仅供参考。焦虑是一种很复杂的情绪体验,其内在含义和外在表现都很丰富,切忌以此作为衡量焦虑的唯一标准及最终结果喔!

解决策略

在生活中,大部分时间我们的心情是愉悦的,但时常也会被不和谐的音符——坏心情所打断。这些坏心情又总是给人以刻骨铭心的记忆,令人烦恼。面对焦虑,我们是否就束手无策,只能听之任之呢?如果你是这样想的那就大错特错了,我们可以通过改变自己的一些看法、行为来缓解或是阻止它。

(一)揭开焦虑的面纱,正确认识焦虑

世界上没有两片相同的树叶,不同的情景产生的焦虑也有区别。从程度上来讲,焦虑有轻微与严重之分,轻微的焦虑可以促使人们在困境或危险时刻警觉起来,动用自身或身边的资源积极地应对。这个时候,我们会感觉到紧张、兴奋,而不会把这种焦虑当成一种坏心情而痛苦。但是,如果焦虑过度了,就失去了它本身的积极的作用,会给人们带来很多不必要的麻烦,容易使人终日处于一种惶恐和紧张不安的状态中,损害人们的身心健康。并不是所有的焦虑都会给我们带来消极的后果,焦虑有好也有坏。我们应该正确地对待日常学习、生活中所出现的坏心情,正确地认识坏心情所带来的影响。

◎做一做◎

分小组探讨焦虑的积极作用有哪些,焦虑的消极作用有哪些,并把它写在下面的横线上。

_____

_____

(二)放松自己,还生活一片宁静

我们都是一个个平凡的人,总会有累了、倦了的时候,这个时候最好的减压方式是什么呢? 是外出旅行,血拼商场,还是和家人一起吃顿开心的午餐抑或是静下心来听一首舒缓的歌曲? 不同的人根据不同的现实条件,会做出各种各样的选择。

你是否尝试过以下的放松法呢? 我们现在就一起来体验体验:

以一种放松的姿势坐在靠背椅上,轻轻闭上眼睛,自己对自己说,我现在非常安静,非常放松。然后深深地吸气,慢慢地吐气,让自己感到非常安静,非常放松。再想象自己,正躺在一块绿油油的草坪上,头顶是一片蓝蓝的天空,天空中有一片白云,厚厚的,洁白的,慢慢落在自己的身上。再感受一下自己被白云层层包裹着,白云开始慢慢地向上飘,自己的身体也跟着白云飘起来了。仔细体会一下飘起来的感觉,感到自己越飘越高,越来越轻,好像完全失去了重力,慢慢地,自己躺在这片白云上睡着了。

在经过上面的练习之后,是否有一点心情舒缓、昏昏欲睡的感觉呢? 如果是,那么就达到了放松自己的目的,我们与焦虑的距离就又拉开了一步。

(三)避免消极的自我预言,相信"我能行"

是否有过这样的体会:我们自己在完成一件事时,总喜欢在事情发生以前就给予一定的结果预言——成功还是失败。成功了感到很高兴,失败了就感到很失望。适当的自我预言,可以使青少年对自身形成正确的认识,在面对问题以及挑战时,更加积极主动。消极的自我预言,在正式行动的时候就容易产生焦虑,患得患失,缺乏自信,造成很大的心理困扰。青少年在面临问题时,尤其是面临巨大的学业负担时,应该多给自己一些积极的心理暗示,相信通过自己的努力,自己的不懈奋斗,会取得好的成绩。

◎做一做◎

对着镜子大声地说:"我能行"、"我可以"、"我是最棒的"。

(四)打开心门,让焦虑走出来

在生活、学习面前我们经常会有困扰,随之而产生的焦虑情绪也在所难免。怎样才能使心中的焦虑走出来,还内心一片和谐?是改变行为,改变自己生活方式,大声地向外界寻求帮助还是给焦虑画一张"肖像图"呢?以上的策略是不少人尝试后总结出来的经验,我们也可以试一试。

◎做一做◎

想想最近让你感到焦虑的事件是什么,是什么原因致使自己有这样的情绪体验。选择以上的一种方法试一试,看是否会缓解焦虑、带来轻松。

自我反思

我们通过琪琪、小曦、小华的案例明白了什么是焦虑,以及不同焦虑的表现、危害,并介绍了一些应对焦虑的方法。现在让我们静下心来,回忆一下到目前为止我们学到了什么,有什么感想。把你的心得体会、内心想法或是让你印象深刻的一点写在下面的便签上:

第六节 心里住着个绿眼睛的怪物——嫉妒

引言

嫉妒,是心灵上的肿瘤。

——艾青

嫉妒之心人皆有之,有人会嫉妒别人比自己漂亮,别人比自己成绩好,别人比自己更受同学、老师喜欢。 但究竟什么是嫉妒? 嫉妒之心为何会产生? 嫉妒会给我们的生活带来怎样的影响? 我们又应该怎样应对嫉妒呢? 以上问题经常会盘旋在我们的脑海。心理学家对上面的问题进行了一系列的探讨与研究,可以帮助我们揭开嫉妒的面纱。

 案例

婷婷究竟在计较些什么？

婷婷，女，成绩优秀，小学到初一都是班长。进入初二年级后，班里转来一位漂亮的女生——丽丽。丽丽为人正直、善良，各方面表现都很优秀。在班干部竞选中，丽丽顺利地当选为新一任班长，之后不论是学习成绩还是干部工作都做得一丝不苟，得到了老师和同学们的一致好评。可这一切对婷婷来说却成为了愤怒的源头，丽丽表现得越好，婷婷的心理越是不平衡。她上课不再积极发言，工作态度也变得消极、冷漠，还处处针对丽丽的言行，找她做得不妥的地方，甚至还要求班级里的女生不要和她玩。由此，婷婷无法专心学习，成绩一天天地下降，人际关系也越来越差，她自己也感到十分痛苦。

◎想一想◎

婷婷出现上述情况的原因是什么？婷婷究竟在计较些什么？

问题探析

中学生充满青春活力，喜欢"争强好胜"，不愿服输，不甘落后，这可以成为进步的一个动因。但遗憾的是，许多中学生往往自我感觉良好，一旦遭受挫折、失败，就容易因主观愿望在客观现实中得不到满足而产生嫉妒心理。案例中的婷婷由于一时不能接受别人比自己优秀，不能接受"失宠"的落差，而出现了恶性羡慕心理。在学校生活中，这种现象经常发生，有的同学看到别的同学受到表扬、取得好成绩或者得到老师的赞赏时，刚开始往往表现出一种不屑一顾或不满的态度，然后想方设法地找别人的纰漏，给别人制造麻烦。严重者一旦发现别人胜过自己，就产生一种病态的埋怨，并伴有攻击性情绪或行为，危害自己及他人的身心健康。

深入阅读

（一）什么是嫉妒？

嫉妒"挖人眼"

有一个人遇见上帝。上帝说：现在我可以满足你任何一个愿望，但前提就是你的邻居会得到双份的报酬。那个人高兴不已。但他细心一想：如果我得到一份田产，我邻居就会得到两份田产了；如果我要一箱金子，那邻居就会得到两箱金子了；更要命就是如果我要一个绝色美女，那么那个要打一辈子光棍的家伙就同时得到两个绝色美女……他想来想去总不知道提出什么要求才好，他实在不甘心被邻居白占便宜。最后，他一咬牙："哎，你挖我一只眼珠吧。"

故事中的主人翁由于害怕别人得到比自己更多的财富，而甘愿以失去自己眼珠为代价，换来的是双方的无尽痛苦，这在我们看来或许是愚笨可笑的，但在现实生活当中，却不难发现类似的情况。在学习上，由于过于争强好胜而屡屡受挫，嫉妒之心油然而生；在人际交往上，如若别人超过了自己，嫉妒之情就难以按捺；在生理条件上，容貌欠佳，身体条件不理想，嫉妒之火便暗暗燃烧。如果嫉妒心理过重或自己不善于调节、转化，就会给自己带来极大的心理负担，容易对人对事持否定或排斥态度，以偏概全、由小及大、怀疑一切，甚至会产生一种恶性循环，阻碍我们正常的学习和生活交往等。由此看来，认识、了解嫉妒是不是就显得尤为重要呢？

在日常生活中我们或许会经常听见这样的声音："小琴的鞋子好漂亮，是最新款的 NIKE 呢，我也想要有一双！""小刚的 iphone5，好炫啊，真羡慕！"也会有"小惠，你的成绩真好，你是怎样学习的呢？"抑或是"小强，你参加这次的数学竞赛又得了第一喔，真了不起！"大家不妨根据以上的几点描述，试着想一想，究竟什么是嫉妒，嫉妒究竟是好是坏，嫉妒会给我们带来怎样的影响？

心理学家给了我们这样的解释：嫉妒是指一个人会对处于与自己同一竞争领域的另一个表现得比自己强或比自己优越的人进行比较，从而产生的情绪体验。嫉妒就性质上来讲，有恶性羡慕和良性嫉妒之分，而我们通常所讲的嫉妒也多指恶性羡慕。良性嫉妒，使人看见自己与成功之间的差距，为了缩短这种距离，会激发人的积极性，使人进步。恶性羡慕则会给人带来身心伤害，程度严重时会产生强烈的怨恨和深深的恐惧，甚至做出伤害对方人身或破坏对方财物的行为。恶性的嫉妒心理会使人形成冷漠、猜疑、孤僻、虚伪等不良性格，直接影响坦率、诚实、公正、谦虚等良好品质的培养，阻碍身心健康发展。

（二）嫉妒缘何而来？

在当今激烈的竞争环境中，产生嫉妒心理已是一种极为常见的现象。人是社会中的人，难免会与自己周围的人做比较。我们深知，比较得当会促进人的发展，比较失当则会产生嫉妒心理，阻碍人的健康发展。嫉妒属于心理上的障碍，它究竟是怎样悄悄地来到我们身边的呢？

1. 内在因素

（1）都是"挫败"惹的祸

北宋政治家王安石说过："嫉生于不胜。"每个人都有要在某个方面超越他人的愿望，但未必都可以一一实现，有时也会面对失败，有的人或许可以欣然地接受这种挫败，但有的人会避免不了地耿耿于怀。当这种愿望无法实现时，严重者就容易产生挫败感，认为自己遭受了巨大的打击，认为自己某一方面的落后会给整个人生带来惨重的影响，为了阻抗这种不良的心理，嫉妒心理油然而生。由失败而产生的挫折感是嫉妒心理产生的一大主要因素。

（2）自我期许过高在作怪

青少年有时不能准确、客观地认识自己与他人的差异，错误地评估自己的能力，认为自己在很多方面都很优秀，自我期许过高。一件事情、一个任务交给自己，就总是希望能够做得最好，接受不了别人比自己优秀、别人比自己做得好，一旦看到别人得到的多，别人所做的事情比自己好，就会觉得自己拥有的东西，都被别人抢了去，引发嫉妒心理。我们要明白对自己有高要求的目的是为了寻找一标杆，让自己向着目标有所进步，而不是让自己在过高的期许中失去了方向。

（3）自卑"滋生"嫉妒

中央电视台著名节目主持人白岩松年轻时曾非常自卑。他从北方的一个小镇考进北京的大学，上学第一天，邻桌的女同学问他："你从哪里来？"而这个问题正是他最忌讳的，因为在他看来，出生于小城镇，就意味着没见过世面、无知。就因为这个女同学的问话，他一个学期都不敢和女同学说话！看见别的同学讨论得热火朝天，交流得相当融洽，自己十分羡慕、嫉妒，但就老是迈不出第一步，很长一段时间，自卑、嫉妒的心理都困扰着他。

白岩松的故事告诉我们，自卑心理是滋养嫉妒心理的主要因素之一。在日常的生活当中我们或许也会有这样的体会，当自己的能力不足以百分百解决一个问题或者是自身条件较周围的人都弱一些的时候，就会对自己产生消极的观念，认为自己"不行"，"不可以"，"不能够"。长此以往，会加深对自己的错误认识，认为自己就是很差劲，而对于别人的成功、成长，又老是羡慕不已。

（4）攀比心理"导致"嫉妒

我们经常会听见人们这样指责一个人："他就是有毛病，心理变态，见不得别人比自己优秀，见不得别人比自己好，万事都要做个比较。"试想一想这个人是否就真的是"有病"、"心理变态"呢？他究竟为什么会给别人带来这样的感觉？

时下社会流行词"拼爹"——"比拼老爹"。在贫富差距越来越明显的社会，子女的贫富意识也越来越明显，部分子女在自己一无所有的情况下，嫉妒别人比自己好，为了满足自己的虚荣心，很多子女比拼各自的父母,例如经济能力、社会地位等等,并歪曲地认为自己学得好,有能力,不如有个"成功"的老爸。

究竟是什么心理使社会上出现了"拼爹热"呢?

有关学者对其进行了探究与解释,明确指出这些都是攀比心理在作祟,攀比心理容易导致嫉妒心理的产生。嫉妒者容易对那些过去主、客观条件与自己差不多,或者不如自己的人产生嫉妒。在嫉妒者眼中,跟自己差不多的人或过去不如自己的人取得的新成就、新优势,往往被看做对比出了自己的无能或构成了对自己的威胁,于是忧虑、愤怒、怨恨。

◎做一做◎

将最容易使自己产生攀比心理的条件、情境写在下面的横线上,并对其按积极与消极来分类。

_____

_____

2. 外在环境因素

(1)嫉妒从"竞争"中来

世界上没有两片相同的树叶!作为社会主体的人也不例外,有的人漂亮、聪敏、勤奋、富裕、有才华,但也有的人丑陋、愚笨、贫穷、懒惰等。人是一个矛盾的综合体,有优点则会有缺点,没有谁能样样都好,大家之间存在有差异,有差异则会有比较,有比较则会有竞争。竞争有消极与积极之分,良性的竞争敦促人奋发向上,恶性的竞争伤人伤己。事事都要比较,时时都要当先,那是不可能的。优势应该得到发挥,短处也应该得到正确的认识。总是以自己的短处和别人的长处做比较,将会增加压力,寻找困扰,更容易产生嫉妒心理。正处于豆蔻年华的我们,是不是应该努力使自己多一分轻松,少一分比较,多一些学习,少一些嫉妒呢!

(2)嫉妒从"成长"中而来

有这样一句话:"我们可以选择奋斗,但却不能选择出生,因为那是上天注定了的。"这句话中的"出生"主要指的是家庭成长环境。下面我们来看两个不同成长环境下的同学究竟是什么样的：

小童自幼在贫寒的家庭中长大，父母对他期望过高、要求严格、从不妥协。他们无视孩子的实际能力，一味地对孩子施加压力，一旦既定目标不能实现就开始抱怨、批评与指责。小童长大后很容易产生习得性无助（认为任何事情凭借自己的力量都不可能取得成功）。父母盲目的批评与指责、家境的贫寒与潦倒，使小童自幼就产生自卑心理，对自己形成否定的看法，认为自己一无所有、一无所长、一事无成，对物质条件比自己好、获得成就比自己多的人很容易产生嫉妒心理。

小轩自幼生长的家庭环境很好，接触的人、事、物都是优秀的，自幼养成了不允许自己落后于人的观念，总是想往更高、更好的地方发展，但却发现永远也没个头，自己需要成长、进步的地方太多太多。看到这个人比自己更好，那个人比自己更漂亮，自己老是羡慕不已，嫉妒心理也油然而生。

以上的两位同学，处于两种极端的家庭，他们在不同的环境中长大，背负着不同的任务，拥有着不同的成长足迹，但却出现了相同的心理负担——嫉妒心理。那究竟什么样的成长环境才是最好的，才能促进孩子的健康成长呢？心理学家认为，家庭的物质条件不是形成嫉妒心理的主要因素，在这种环境中起主要作用的应该是父母的教养方式。民主合理的教养方式（父母适当的管，孩子适度的自由）可以促进孩子形成健康的人格，远离不良嫉妒。

◎想一想◎

从以上两个同学的成长环境中你是否也有一些体会呢？请放下书本，静静地想一想自己的成长环境究竟是怎样的，如今自己的所思、所想、所为，是否与成长的环境有一定相关呢？

（三）嫉妒也有好处？

1. 良性嫉妒激励人生

我们经常会与身边的人做比较，会把发生在周边的事进行比较，我们会在比较中看到自己的优势，发现自己的不足。人有短处并不可怕，可怕的是因此而意志消沉、一蹶不振。人就像一根弹簧，遇压而张，当别人在某方面超过了你时，你会感到一种压力，会嫉妒对方。但因此而产生一种要打破这种不平衡而超越对方的愿望时，嫉妒心就转化为一种内在的动力，激励我们努力进取，一天天进步，体味美好人生。

2. 良性嫉妒促进成功

我们经常会说："失败是成功之母。"其实这句话也可以用到嫉妒上——"良性嫉妒是成功之母"。良性嫉妒能改变我们对可能做到的事情的期望，换句话说，能改变我们所认识到的可能的成功。嫉妒是很正常的，大多数人会自动地把自己和那些比自己做得好的人进行比较。当看到别人做得比自己好时，有的人会产生消极的体验——自卑，而有的人会把此当做是上天的馈赠，认为这是一个绝好的学习时机，给予了自己希望，让自己离完美又更近了一步。作为新一代的我们，是不是也应该正确看待自己的不足，寻找进步的动力？

3. 良性嫉妒增强创造力

"创新是一个民族进步的灵魂，是一个国家兴旺发达的不竭动力，创新的希望在青少年！"作为青少年的我们，究竟应该怎样担负起国家的重任，历史的使命呢？良性嫉妒可以帮助我们。

生活中优秀的人比比皆是，大多数人都渴望处于最"优秀"的行列，为此，我们总是会想尽办法积极地开发自己的潜能，发挥自己的潜力。良性的嫉妒，使我们在看见自己与优秀者存在的差距之后，积极发挥主观能动性，缩小差距，为了跻身优秀行列，做出各种各样的尝试以及努力，在这个过程中可能会打破传统，激励创新意识，锻炼人的创造力。

4. 良性嫉妒使人聪慧

春秋时代的孔子是我国伟大的思想家、政治家、教育家，儒家学派的创始人，人们都尊奉他为圣人。然而孔子认为，无论什么人，包括他自己,都不是生下来就有学问的。一次,孔子去鲁国国君的祖庙参加祭祖典礼,他不时向人询问,差不多每件事都问到了。有人在背后嘲笑他,说他不懂礼仪,什么都要问。孔子听到这些议论后说:"对于不懂的事,问个明白,这正是知礼的表现啊。"孔子认识到自己的不足,找到学习的目标,"不耻下问",在别人的嘲笑中丰富自己的实践知识,增长智慧,而不是盲目的嫉妒。孔子的故事告诉我们,人无完人,谁都会有不理解、不知道的事情,知道了自己的不足就应积极地采取行动予以弥补!

对于青少年而言,衡量一个人是否聪慧,学业成绩的好坏占据了很大一部分的位置。一项研究发现那些总是把自己的成绩和其他人进行比较的学生,在学校里表现得更好,学习成绩也更好。学习嫉妒背后的核心是对自己的成绩高要求,这种高要求可能来自于父母的期望、老师的敦促,也可能是来自于不甘落后心理。总之良性的嫉妒使我们认识到自己的不足,并且找到参照的目标,通过与成绩好的同学进行比较,找到自己没有别人好的原因,积极地向同学学习,慢慢地摸索努力,最终找到适合自己的学习方法,提升学习成绩,增长智慧。

5. 良性嫉妒拓展视野

嫉妒并不总是那么糟糕,只要不让"绿色的怪物"离开它的笼子,让人产生消极的心理,相反,还会使人获得一些意想不到的好结果。会产生嫉妒心理的人,大都是对工作、生活、学习充满了热情的人。他们渴望进步,渴望自己在各方面都是做得最好的。能让嫉妒者产生嫉妒的人、事、物,也是嫉妒者本身所没有或者是自己有但做得不好的方面。如果嫉妒者采用正确的方法,采取适当的行为模式,便会扩宽自己的视野,认识了解更多的能助自己成功的方面,丰富阅历。

6. 良性嫉妒完善自我认识

人对于自己的认识了解,一方面是通过自省——自己对自己的反思,另一方面是通过别人对自己及自己所做的相关事件的评价来完成的。自省包括两个层次:比较中自省与内部自省。比较中自省是指在看见自身与他人的差距时,深化对自己的认识,而内部自省是指自身内部的反思与认识。嫉妒则经常发生在自己与他人的比较当中。比较可以使自己在看见别人优势与劣势的同时,也看见自己不同于别人的优势与劣势。良性的嫉妒是用一种正确的眼光去看待别人的优秀,看待自己的不足,从而对自身形成较为全面的认识。

解决策略

策略一:学会欣赏自己

每个人都是独一无二的。这个独特的"我",既有优点,也有不足。我们应该有一双"善于发现美的眼睛"——善于发现自己的优秀之处。一个人只有充分地接纳自己,欣赏自己,才能全面清晰地认清自己,才能促使自己自信地与人交往,出色地发挥自己的才能和潜力。

青少年应当认识到,有些事情是不取决于个人本身的,不是想改变就能改变得了的,如一个人的出身、相貌、地位等。对于自己没有办法改变的不良状况,在现实生活中每个人都会或多或少地遇到,而在以上方面进行盲目比较更是无谓的,我们应该学会正确地认识自己,欣赏自己!

◎做一做◎

小组互动,将别人眼中的"优秀的我"和自己眼中的"优秀的我"写在下面的便签中。

别人眼中的我:　　　　　　自己眼中的我:

策略二：远离竞争，认认真真地做好自己

有人曾说："不想当将军的士兵不是好士兵，不想当老板的员工都不是好员工。"当大家读到或听见这句话时，自己的感想究竟是什么呢？是给你积极努力的动力还是让你觉得荒诞可笑呢？现实生活中会有一部分人在这句话的激励下埋头苦干，最终实现自己的梦想，走向更高的舞台，但更多的是这样一部分人：本来不想当将军的士兵当了将军，想当将军的士兵却没能当上将军；不想当老板的员工最终当上了老板，想当老板的员工最后没有当上老板。这究竟是这么回事呢？有关人士研究表明：我们都会有一种渴望成功的愿望，有一种要超过别人的冲动——竞争。竞争在集体学习、工作、生活中在所难免，但不要事事都比个高低，样样都求个好坏，如果这样，嫉妒心理也会油然而生。"他比我强，我要比他更强，我一定要通过努力，在竞争中去战胜他！"这样在无形当中会给自己增加很多压力。我们应该理解竞争不是最终目的，而是提高自己才能，促使自己不断进步的途径，即使有竞争，也要正确竞争；应该学会少做比较，认认真真地做好自己。

策略三：追求擅长的事并做好它，让人们无法不关注你

《中国达人秀》落魄千万富翁高逸峰，曾经是一家一千多人娱乐城的老板，一位千万富翁。他看上去并不老，但因为当年企业倒闭，几夜头发就骤白了，他的眉宇间，依然透露出一股异于常人的坚韧。面对如此五味陈杂的人生，他并没有放弃，在家人的支持及鼓励下，找到了以后努力的方向——开包子铺、参加达人秀，赢得人们的关注、获得大家的喝彩，体味幸福的人生。高逸峰的事例告诉我们，"一次花落凋谢不了整个春天，一次失败摧毁不了整个人生"，只要自己努力追求擅长的事并做好它，开包子铺同样也会得到人们的欣赏与关注。

安杰卢曾经讲过："只有做自己喜爱的事情才能实现自我，别为金钱而奋斗。相反，请追求你擅长的事情并做好它，让人们无法不关注你。"青少年处于身心发展的加速期,好奇、充满热情、精力充沛、富有想象力、期待别人关注是这个阶段所具有的典型特征,乃至于很多人都想尝试挑战自己的极限。无论一件事情是自己身体力行的还是力不从心的,我们都渴望去尝试。我们要想实现自己的人生价值,找到自己的理想目标,首先就得深刻地认识自己,认清自己的优势与劣势,找到适合自己的,自己能够控制的目标,然后朝着目标一步步的努力,最终就会有所成就,得到别人的关注。

◎做一做◎

青少年:自己曾经成功地完成了哪些任务? 你觉得在当时促成成功的最重要内在因素是什么? 完成下表。

曾经顺利完成的事件	影响因素
1.	
2.	
3.	
4.	

家长:回顾自己的孩子以前在哪些事件上取得了令人比较满意的结果并分析原因,与孩子一起探讨我们自身的价值。

策略四:学会感激我们所拥有的一切

中国残联主席张海迪 1955 年出生在山东半岛文登县的一个知识分子家庭里。5 岁的时候,胸部以下完全失去了知觉,生活不能自理。医生们一致认为,像这种高位截瘫病人,一般很难活过 27 岁。在死神的威胁下,张海迪意识到自己的生命也许不会长久了,她为没有更多的时间工作而难过,更加珍惜自己的分分秒秒,用勤奋的学习和工作去延长生命,最终她实现了自己的理想,找到了生命的真正意义之所在。张海迪的故事感动鼓舞了很多人,她能获得今天的成功,与自己的不抛弃、不放弃、勇于接受现实、坚持努力奋斗分不开。"上天赋予世间每个人的财富都是一样的"、"上帝为你关上了一扇门,就会为你开启另一扇窗",这些耳熟能详的话语无不是在告诉人们应该懂得满足。不要总是嫉妒别人,相比较于张海迪阿姨,我们已经很幸福了,应该学会感激,感激自己现在所拥有的一切。感激——让我们的生活更加美好!

◎想一想◎

自己现在拥有一些什么?是谁给予了我们今天的一切?将自己最想感谢的人、事、物写在下面的框内。

策略五:丰富课余生活,饱食精神食粮

由于巨大的学业负担,我们在学校里,每天所做的事情,除了听讲、做作业就是复习、考试。在这样的状态下,即使非常有趣的学习活动,也会成为最讨厌的事情。我们或许有各种潜能需要释放,各种合理需求需要满足,各种良性情感需要生长……仅凭在课堂上获得的"听懂了、记住了、答对了"这些东西是不能满足的。丰富课余生活,饱食精神食粮,比如音乐、绘画、舞蹈、造型艺术、戏剧等等,都有助于发展我们的美感和美学鉴赏力,增添生活情趣、心情舒畅,减少嫉妒等消极情绪的影响。

◎做一做◎

青少年:想一想根据以上提到的怎样摆脱嫉妒心理,还有什么好方法?写在下面的横线上。

家长：回忆自己的孩子是否在成长的过程中出现过明显的嫉妒心理以及当时自己的处理方法。如果放到现在您有什么好的建议？

自我反思

一系列案例故事（如：婷婷究竟在计较些什么、嫉妒"挖人眼"等）的具体描述以及一些名人大家（如：白岩松、张海迪等）的切身经历，揭开了嫉妒的面纱，使我们更加深刻地认识与了解了嫉妒的含义、分类、原因以及解决策略。让我们闭上眼睛，回忆一下现在脑子里盘桓的知识有哪些，将它们好好归归类。如果有什么感悟、心得体会，请写在下面的便签上。

第四篇　青春，"情"动的春天

——我们的积极情绪

人们赞美青春，青春是人生的清晨，是生命的春天，它美丽动人，丰富多彩，有泪水与欢笑，有幸福与感动，青春的情感美好而难忘。

在青春期，我们体验着种种或激烈，或平静的情绪。好情绪像太阳一样温暖并照亮着周围的人，如果你常常具备好情绪，请珍惜！如果你身边的朋友时常用好情绪传染着你，也请你珍惜！

"好情绪"有很多,我们精选了几种主要的:蜜一样甜美的快乐,保持新鲜的好奇、最棒的自豪、真心的感激、心灵的宁静和珍贵的爱。你一定很想知道,我们的这些好情绪从何而来,如何产生,又如何保持。在本篇之中,我们将会一一为你解答!

第一节 方糖和电兔子——快乐

引言

> 快乐在人生里，好比引诱小孩子吃药的方糖，更像跑狗场里引诱狗赛跑的电兔子。几分钟或者几天的快乐赚我们活了一世，忍受着许多痛苦。我们希望它来，希望它留，希望它再来——这句话概括了整个人类努力的历史。
>
> ——钱钟书

快乐，人人向往。可快乐，总难持久。在日常生活中，我们常常希望自己能够更加快乐，也经常祝愿我们的亲人、朋友更加快乐，"周末愉快"、"生日快乐"、"健康快乐"是我们常常挂在嘴边的话语。可是，快乐到底是什么？快乐有什么好处值得人人执着追寻？我们又怎样才能获得更加持久的快乐呢？这些问题，常常萦绕着我们。其实，心理学家们对这个问题进行了很多的研究和探索，可以帮助我们认清快乐，获得快乐。

案例

玲玲为什么不爱笑了?

玲玲性格活泼开朗,说话幽默风趣,是大家公认的"开心果"。又因为她学习成绩好,被选为班长以后经常帮助有困难的同学,脸上总是笑容满面,班上同学都很喜欢她。可进入初二不久,大家发现玲玲不爱笑了,也不爱说话了,总是心事重重,一副不太开心的样子,有时上课还走神,下课也不和同学一起玩耍了。同学们都很关心地问她是不是生病了或者家里出了什么事情。她却只是摇摇头,什么也不说。老师、同学看在眼里,急在心里。后来,在老师耐心细致地交流和劝导之下,玲玲才说出了原委。原来,初二之后,课程变得更加繁重,老师的要求更高了,作业更多了,这让玲玲有些恼火。再加上在前一次小考中,她的名次有所下降,回家后妈妈还严厉地批评了她,她感觉到了前所未有的压力,担心下次考试自己考不好。而在这样的焦虑、忧郁中,玲玲更是难以集中注意力学习,更加着急。往日的轻松、愉快,好像离她而去,微笑已成过去!

◎想一想◎

玲玲为什么不爱笑了?究竟是什么让玲玲变成现在这样?

问题探析

玲玲变得不爱笑了，主要原因是初二学习任务的增加，课程变得更加困难和繁重，感觉学习没有原来那样轻松了，内心里隐隐地充满了一种难以应付的担心和害怕，再加上考试的失利，名次下降了，遭到妈妈的严厉批评，这些事件使得她对自己的信心不断减弱，应付学习的力量越来越小，更加强化了她"难以应付"的担忧，使她心理压力越来越大，最终沉浸在对学业成绩的焦虑和忧郁之中。之前因为一切顺利形成的愉悦心理状态便消失不见。但是焦虑和忧郁并没有让玲玲更加集中精力地投入学习，反而影响了玲玲正常的学习生活。这样长此以往，只能形成一个恶性循环：因为成绩没考好，陷入无尽的焦虑中，而焦虑又会影响正常的学习，影响下次的考试成绩。

其实，玲玲现在的困境完全是由于她消极对待学习中不好结果导致的。玲玲在评判自己成绩的时候，如果不只是把成绩作为评判的标准，而是将它与自己是否学习到了知识，是否在考试中得到了提升相结合进行评价，她的看法会有很大的不同。在生活学习中，我们难免会遇到让人沮丧的事情，这时应主动选择用快乐来应对。与很多负面情绪如忧郁、焦虑不同，快乐能更好地帮助我们发挥主观能动性，适应不好的情境。学会调试自己的情绪，保持快乐的心态，对于处理很多与我们生活息息相关的事情特别重要。

深入阅读

（一）快乐，我们一直在渴望

《现代汉语词典》对快乐的解释是"感到幸福或满意"。德国哲学家康德认为，"快乐是我们的需求得到了满足"。这样说，可能还不够具体。看看下面这三个例子，或许你会有更加直观的理解：

（1）花了一下午的时间来解答一道很难的数学题,用尽了各种方法也无法得到答案。稍作休息后再来看这道题目,突然有一种豁然开朗的感觉,你从另一个角度终于解答了这道题,看着最后的答案,你是什么样的心情呢?

（2）当你经过长时间的认真学习,终于在一次大型考试中取得了非常好的成绩,拿着成绩单,你的心情又是什么样呢?

（3）周末同学们一起约好出去玩了一天,吃了好吃的东西,玩了好玩的游戏,最后在一片欢声笑语中各自回了家。虽然也许是一个人走在回家的路上,你的心情又是怎样的呢?

看过这三个例子后,大家可能都会回答"快乐"。毫无疑问,每个人都希望自己快乐。快乐就是在某种特定情境中,我们有欢笑、舒适、开心、享受、振奋、乐趣、愉悦等积极的情绪体验和心理感受。从心理科学的专业角度来说,快乐就是人们对自己、他人以及生活环境的一种满足感与愉悦感,既表现在过去的快乐记忆中,又表现在当下的快乐体验和对将来的快乐憧憬里。

◎找一找◎

下面的一些词语里哪些是关于快乐的?请勾画出来。

眉开眼笑	眉头紧锁	喜上眉梢	神采飞扬	忐忑不安
捧腹大笑	怒气冲天	喜笑颜开	惴惴不安	欢呼雀跃
纵情高歌	蹙额愁眉	伤心欲绝	手舞足蹈	疾言怒色
怒火冲天	振臂高呼	欢欣鼓舞	坐立不安	喜极而泣

大家会发现,关于快乐的词语大都是关于表情方面的。大体分为描写面部表情(如:眉开眼笑)、描写身体表情(如:捧腹大笑)以及手势表情(如:手舞足蹈);也有可能出现与现在情绪状态相反的情绪,以"喜极而泣"为例,"泣"的本意是表达一个人伤心的情绪,而在这里却相反,当快乐到了一个极限值时,反而出现了相反的情绪表

现。不过笑是公认的人在快乐时最典型、最有代表性的表现。

（二）人什么时候容易快乐？

有研究表明，无论做何种职业的人，在周五晚上到周日下午这段时间感到更快乐。为何会出现这种"周末效应"呢？

你们脑中的第一个念头是不是因为周末人们逃离了平日工作、学习的紧张压力，有了空闲的时间可以玩乐呢？研究表明，闲暇时间能够提供与他人联系情感，得到放松的重要机会。它在很大程度上弥补了平时因为工作、学习的压力束缚而制约了与亲密的朋友和家人共度时光的空缺。

现在明白为什么一到星期五的下午，心情就会变得特别快乐，如同飞出笼子的鸟儿一般，而星期天的晚上就像乌云密布的天气一样了吧？

从前，有两个战俘一起被关在一间只有一扇小窗户的牢房里。牢房里潮湿阴暗，唯一的光亮来自那扇高高的小窗户。每天，他们都会轮流在窗前眺望。不久后，其中一个人死了，而另一个人却活了下来，直到被释放。同样的生活环境为何会产生不同的结局呢？原来，死去的那个人看的只是窗外的高墙、铁丝网以及轮换的士兵，内心充满了绝望，整日唉声叹气。而活着的那个只喜欢看窗外的蓝天白云，享受透进来的阳光，倾听偶尔传来的鸟鸣，心中充满了希望，在想象的自由中快乐翱翔。

生活并不都是充满惊喜，一路舒畅的，总会有不顺的时候。面对相似的生活，有的人老是愁眉苦脸，而有的人却整天都是笑呵呵的。他们似乎从早到晚都是精神奕奕、充满活力的，仿佛没有什么能让他们感到苦恼，我们遇到的倒霉事到了他们面前总会迎刃而解。

那么，为什么有的人更容易快乐呢？或许他们具有如下一些独特的生活观念：

观念一：享受"现在"的快乐

时间就像沙漏，在不经意间缓缓流逝，不为任何人停留。老子曾说过，"逝者如斯夫，不舍昼夜"。生命就像不可再生的能源，用一点就少一点。唯一能做的只能是珍惜、利用好现存的资源。对待生命，也应如此。

而许多人却往往把注意力放在缅怀过去，后悔昨日之事上。经常听见"如果那次考试我多看看书……"、"如果我没有做那件事……"等类似的话。无数多个"假如"、"如果"让大家沉湎在后悔、懊恼的泥沼里不能自拔，而另外的一些人却将目光放在目标实现的以后。"正埋头苦读的高三少年们的幸福是什么呢？他们会回答说，无论这一年过得多么痛苦心酸，只要高考结束拿到自己理想大学的录取通知书，以后的日子都是快乐的了！"可是，真的是这样的吗？烦恼总是前赴后继地出现在我们的生命里，就像杀毒软件的更新永远跟不上病毒的变异速度一样。这样下去，快乐永远只存在于那个永远看不见目的地的名叫"未来"的地方之后。

过去已经成为不可改变的历史，而未来又显得太过遥不可及，只有现在才是能牢牢握在手里的。放下让人不愉快的过去，把着眼点放在现在，尽情享受现在的快乐。别让昨天的墨迹在今天这张白纸上留下污点，用手中现有的彩笔绘出五彩的图画。

观念二：快乐由你决定

有人把快乐比喻为天上飞的风筝，虽然有时你看不见它，但线一直在你手中，它不会飞走，只要你愿意，快乐会随时陪伴着你。

每个人对快乐的感受都具有独特的主观色彩，如同一千个读者有一千个哈姆雷特。大学者林语堂把快乐说成是一种"秘密"。就像鞋子一样，穿在脚上舒不舒服，只有自己才有发言权。

今天，期中考试的成绩发下来了。小明这次考得相当不错，排到了班上的第十名。小明开心得不得了，"真是太好了，回去爸爸妈妈一定会好好夸奖我！考试前他们说如果进了班上前十还会给我 500 元做奖励呢……"正当小明还在幻想着回家后的情景时，忽然听到有个同学在对他的同桌小刚说，"小刚，没看出来啊！你这次考得这么好！刚刚我看排名了，你是第六名哎……"小明仿佛被人从头淋了一盆凉水，马上开心不起来了："第六？为什么啊！他成绩比我好吗？上次我考十二名，他才二十名！"

几秒钟前小明才为自己进入了班上前十，能得到爸爸妈妈的奖励而开心不已，几秒钟之后，这股喜悦就烟消云散，反而被不满和怒气所取代。如果小明能换个角度思考这件事，自己这次的用功学习得到了回报，成绩有了上升，值得开心。而同桌小刚更是努力，从上次的二十名提升到了现在的第六名。当小明停止不满和抱怨，心悦诚服地接受小刚也许在这次考试上比他更用功的事实，他就不会像过山车一样从快乐的天堂迅速跌到了痛苦的地狱，反而是继续享受由成绩提升所带来的快乐。

世界并不缺少快乐，而是缺少发现快乐、感受快乐的心灵。有时候，改变一下观念，你的心情就能瞬间好起来。快乐本如同尘埃般漂浮在我们身边的每一个角落。其实：

快乐就是与父母一起在家吃一顿饭；

快乐就是与伙伴朋友们分食一袋薯片，一瓶可乐；

快乐就是正口渴难耐的时候，街角拐弯处有一家冷饮店；

快乐就是你的帖子被人关注加精了……

其实，快乐可以很简单，由你说了算！

观念三：把快乐延长

我们常常会收到"祝你永远快乐"之类的祝福短信，祝福很美好，但真的能得到永恒的快乐吗？

大家可能都曾有过这样的经历：你有一件梦想了很久的东西（比如一件昂贵漂亮的衣服，比如刚出的 iphone5），终于得到了，刚开始，说不定晚上睡觉都要抱着这件东西,高兴得都睡不着觉,可是一个星期之后,一个月之后,半年之后呢?你对于这件东西还会这样开心吗?

现在很多人总在抱怨越来越难得到快乐了。有一个名词可以回答这一现象:享乐适应性。享乐适应性就是大脑对积极情绪的"成瘾"现象。随着获得的快乐情绪的增加,大脑对快乐逐渐"习以为常"——习惯于快乐的生活,渐渐地对积极情绪、对好心情变得麻木,需要更多的快乐、更高程度的积极情绪来刺激,才能再次兴奋起来。也就是说,这样下去,鱼翅也会当成粉丝来吃,即使是龙肉,对你来说,也只是一道再普通不过的菜而已。

目标不仅包括最终实现的那一刻,还有一个漫长的实现过程。如果只把目光集中在目标达成的那一瞬间,快乐是会转瞬即逝的。只有把目光集中在达成目标的过程上,才能享受其中带给我们的点点滴滴、层出不穷的快乐。所以,调整对快乐的认识,不断给快乐充电,把目光聚焦到达成目标的过程上,就把快乐延长了!

(三)快乐的可贵之处

人为什么总是想要得到快乐呢?快乐对于人的一生有什么样的作用呢?"积极心理学之父"塞利格曼给出了充分的理由。

1. 快乐会使我们长寿

想不到吧?快乐的情绪与生命的长度有关。当你感到快乐的时候,你的中枢神经系统处于兴奋状态,荷尔蒙分泌平衡,新陈代谢旺盛,体内各个系统运转良好,整天都觉得神采奕奕的,睡眠质量提高,吃嘛嘛香。

国外的研究者为了研究快乐与长寿之间的关系,而排除其他诸如环境的影响,选取了一个很特殊的人群——修女来做了一个实验。因为修女过着非常有规律的生活,固定的饮食,生活习惯良好,不吸烟不喝酒,连婚姻和生育状况也是相似的,这样就会排除其他因素造成的影响。

"快乐的修女是长寿的修女。"——研究者在实验中发现,对生活持最乐观态度的 1/4 的修女中,有 90% 活到 85 岁以上。相比之下,对生活持最悲观态度的 1/4 的修女中,只有 34% 活到这个年纪。到 90 岁的时候,最乐观的 1/4 的修女仍有 54% 活着,而最悲观的 1/4 的修女只剩 11% 了。

俗语说得好,"笑一笑十年少",古人诚不欺我也!

2. 快乐能提高人生质量

我们生活在这个世界上,生命的长度总是有限的,而生命的质量确实可以无限提高的。每个人都想要过上高质量的生活。现在的物质世界极度丰富,实在是我们祖先的时代所不能比拟的。需要我们的祖先浴血奋战、承担生命的风险才能得到的食物,对于现在的我们来说,只有你家到门口小商店的距离。所以现在我们已经不仅仅是为了生存,而是为了更好的生活。

美国加州大学的两个教授做了个很有趣的实验。他们查看了1960 年米尔学院毕业纪念册中 141 名四年级女生的照片,照片上大家都是笑容满面的。心理学家根据他们的笑容将她们分为"真诚的笑容"和"做作的笑容"两组。怎样区分这两种笑容呢? 发自内心的微笑会使人的嘴角上翘,眼角出现皱纹,而产生这样的面部表情的肌肉是不受意志控制的。

然后分别在她们 27 岁、43 岁和 52 岁时测试她们对生活和婚姻的满意程度。研究的结果表明:"真诚笑容组"的结婚率高,离婚率低,对婚姻和个人的生活品质的满意程度也比"做作笑容组"的女生高。

3. 快乐会使我们的认识过程更有效率,更有创造性

这个作用似乎听起来不太靠谱。认识和创造性不是大脑的工作么? 也跟快乐有关?

研究者做了个实验证明了这一点。他们把 44 名实习医生分为

三组。一组阅读一篇幽默的短文,一组阅读一段关于医学的说明,一组为控制组,什么都不做。然后要求这些实习医生对一个困难的案例作出诊断,并要求他们把思维过程大声地说出来。结果证实,阅读幽默短文的医生所作的诊断最准确,并最少地表现出诊断过早等不恰当的诊断过程。

这样的研究结果是不是让大家感到有些吃惊?小小的快乐情绪对我们的人生有这么大的影响。在具体到我们的日常生活,快乐的作用也会让你吃惊不小:

——肠胃不好是因为不开心?

当电视剧里的主人公遇到困难,心情欠佳的时候,我们总会听到"我不想吃,心情不好"之类的台词对吧?而如果当你心情不好的时候,就算妈妈为你做了你最爱吃的糖醋排骨,你也只会摇头,连平时一闻到味就唾液分泌的现象好像也瞬间消失了。

肠胃与我们的心情似乎密切相关。医学专家们研究发现,肠胃每一分钟都在受情绪的影响。如果你长时间不开心,就会出现消化不良、腹胀腹泻等肠胃病!可见,肠胃简直是你快不快乐的直接反应器。在肠胃不舒服的时候,大部分人会想着吃吗丁啉,强迫肠胃动起来。其实保持快乐开朗的心情才是治本之道。

解决策略

人们说十几岁的年龄是只知道玩乐,无忧无虑,尽情享受快乐、欢笑的时期。但现在的青少年在时代变革、社会竞争压力越来越大的环境下,变得越来越不快乐。各种心理困惑接踵而至。数理化越来越难,需要掌握的知识太多太多;大考小考,周考月考,期中期末各种考试让青少年们紧张焦虑甚至是恐惧;父母、老师天天耳提面命地说要好好学习,不然考不上好大学,等等。这些压力都让小小少年们喘不过气来,大呼 hold 不住了!

难道我们愿意生活在这样的情境下吗？寒窗苦读十多年换来的只剩下对这些痛苦的苦涩回味，而没有甜甜的糖果味吗？

NO！别让快乐成为遗憾！

澳洲的一名护士长年从事舒缓疗法护理工作，照顾生命仅余12周的病人。她将病人弥留之际的顿悟记录下来，写成一本名为《人在弥留之际的五大憾事》的书，其中一条憾事便是"我希望自己之前可以更快乐"。许多人直到死前才意识到快乐是可以选择的重要性。

"快乐是一道选择题"，你选择什么样的方式，就会有什么样的生活。生命只有一次，时间如此短暂，让各种的不快乐充斥自己的人生，当你追忆过往的时候发现没有一件值得你闭上眼睛、细细回味的事情，仔细想想，多么不划算啊！

◎想一想◎

青少年：一般你是因为什么事情不开心呢？当你不开心的时候，是通过什么办法解决的呢？

_____

_____

家长：在抚养孩子的过程，你可曾注意到孩子不开心的时候？你是否知道自己的孩子是因为什么不开心的呢？

_____

_____

既然快乐有这样重要的作用，而大家也不想让快乐成为人生不可再来的遗憾，怎样创造、培养快乐，保持愉快的心情呢？

策略一：人无完人，正视自己的缺陷

没有人是完美的，虽然成为"十全十美"的人是人类一直追求的梦想。而现实就如同一面镜子，我们不喜欢镜中的自己，烦躁、焦虑开始萌生。无可奈何之下，我们最终只能承认自身的瑕疵和缺点。面对自己的缺点，大多数人都会苛求和为难自己，总是严厉地指责自

己"我怎么这么差？""我简直一无是处……"这样看似清楚明白地斥责自己的不足，实则越是让自己失掉信心，怀疑自己的一切。这种持久的懊恼状态只会让我们沉浸在自己挖的"我什么都不行"的陷阱里，变成一事无成的失败者。

但是如果你的同学、朋友甚至是家人有各种各样的缺点呢？你会极其严厉地批判他们吗？设想一下下面两种情况：

你的玩伴向你抱怨，最近她家附近开了家甜品店，每次路过那家店她都忍不住买一个大大的蛋糕。她的腰围长了不止一圈。

你家附近开了家甜品店，每次路过你都会忍不住买一个大大的蛋糕。你的腰围长了一圈不止。

你会对你的玩伴说什么？也许是"没有啊，我没看出来你长胖了啊！有时候吃点甜品也没什么的，以后注意点就好了"。

那你对你自己又会说什么呢？也许是"你真是太没有毅力了！你这样能成什么事"。然后可能接下来的一两顿什么都不吃。

两种情况发生的情境完全一样，只是主人公分别是你的玩伴和你自己，可是得到的反馈却是相反的。为什么不能像对你的玩伴那样对待你自己呢？

试着以一种平衡的方式面对自己的缺陷，不忽视也不过分夸大自己的痛苦，并乐意接受别人的建议、帮助和忠告。这样，你才会不断成长而又不会深陷在自我批判的痛苦深渊里。

策略二：发挥想象力，描绘快乐的肖像

有一个班的同学组织春季去郊外踏青。出发的前一天下了场大雨，乡间的路变得非常泥泞。一深一浅地，鞋子全都变得面目全非了。再加上还背了一系列的锅碗瓢盆，菜蔬肉类，一行人都沉默无语，有些还露出了烦躁的表情。而有两个女生一路上却显得特别开心，一路上有说有笑的，总是步伐轻快地走在最前面。同行人问她们怎么会这么开心，她们说雨后的天空很不一样，像擦掉污垢后的玻璃，显得那么纯净；道路两旁的小花小草得到雨水的滋润后显得特别明艳可爱,如同孩子般的笑脸,迎着天空绽放;连偶尔传来的鸟啼都像是少女的歌声般美妙……同样是雨后的乡间,却得到了烦躁和快乐两种情绪体验。这是为什么呢?

上文中的大部分同学被泥泞的路以及沉重的包袱掩盖了欣赏大自然的兴趣。确实,在这样的实际条件下,大家都有理由解释自己的心情不好。可是,两个女生却发挥了自己的想象,普通不起眼的路边小花在她们眼中成了孩子般的小脸,鸟啼是少女美妙的歌声,连天空都成了洁净透亮的玻璃。她们在丰富想象的天空中遨游,寻找到了无限的快乐,顺带着泥泞的路面和沉重的背包也阻止不了她们轻快的脚步。

策略三:保持孩子般的热情,跳出你的舒适区

在人们的印象中,孩子总是无忧无虑,充满欢笑的。这是因为孩子对周围的事物总抱有持续的热情。在他们看来,任何事物都蒙着神秘的面纱,而揭开纱就是最大的乐趣。

现在的我们追求的是四平八稳的生活,对周围的一切仿佛都习以为常,正如人们时常抱怨的那样,懂得越多反而对世界失去了兴趣,生活只剩下无聊和按部就班。但是人们普遍忽略了一个事实,他们一方面抱怨生活是那样的一成不变,另一方面却也不愿意接受新的事物、新的挑战。我们试着维持现状,紧紧抓住不该抓住的人与事,对于变迁的可能性视而不见。虽然它们明明白白地摆在眼前,我们却抗拒改变,抗拒生命追求扩展的自然需求;抗拒改变,想要让生活停留在原地。我们以越来越不快乐为代价,让自己留在"舒适区"里。

怎样跳出这样的舒适陷阱呢?首先,试着换一种跳跃的衣服颜色,让自己看起来跟往常不一样。听起来,这个很容易做到吧?感受一下小小的改变会给自己带来多大的不同感觉,这样你才会鼓起勇气大刀阔斧。

接下来,学习新的技术,开拓新的途径,或是制订一个有意义的

目标,都可以使人获得新的满足。当你肯尝试新的活动,接受新的挑战的时候,你会因为发现多了一个新的生活层面而惊喜不已。

PS:颜色对心理的暗示作用非常强大,衣服的颜色会影响我们的心情哦!没想到吧?研究证明:

穿绿色的衣服可以使人情绪平稳,缓解疲劳;

穿红色的衣服可以使人精神振奋;

粉色则是温柔的颜色哦,可以使自己对待别人的态度变得温柔;

而当你想有一个新的开始的时候,穿白色的衣服有助于整理心情!

策略四:放慢脚步,给自己做个天然 Spa

说到 Spa,我们可能都不会觉得陌生。它本意是指利用天然的水资源结合沐浴、按摩和香熏来促进新陈代谢,满足人体视觉、味觉、触觉、嗅觉和思考,达到一种身心畅快的享受。而这里的天然 Spa 只需要你成为大自然的一员,享受微风给你的轻柔按摩,花香带来的香熏感受,甚至只要沉浸在宁静之中,也能达到同样的感受。

现在的生活节奏越来越快,现代人长呼短叹说"自己活得太累"。虽然这种声音不绝于耳,可是很少有人会停下自己的脚步。因为我们从小接受的教育就是"吃得苦中苦,方为人上人"。在很久很久以前,当我们还是不懂事的小屁孩儿的时候,父母就告诫我们"要坚持,要吃得苦……"、"现在吃再多的苦都是为了后半辈子的幸福悠闲"。古时有两个著名人物甚至用"头悬梁,锥刺股"的方法刻苦学习,而且这也一直被当做典范激励大家。

但我们的神经就像一根弹簧,无论你是压还是拉,你用多大的力,它就会反以多大的力来维持本身平衡稳定,然后恢复它本身的状态。但是如果你使用的力大大超过它所能承受的范围,那弹簧将永远不可能再恢复原样了。过度地提前透支你后半生的健康来为后半生的幸福创建基础,这样做不是很矛盾吗?"过劳死"这一名词突兀地出现在我们面前。刚过而立之年的某公司行政总裁可谓是家庭、事业两得意，家庭和谐，孩子听话，算得上人人羡慕的典范。可正当完成了公司一个大订单后，却突发脑溢血死在了自己的办公桌前。这样的事例我们听得太多太多了。就青少年来说，大多数同学都表示晚上很少在12点之前睡觉的，用功程度可见一斑。

事情总是做不完的，但是生命却是有尽头的。放慢自己的脚步，有时甚至可以停下来欣赏一下自己路过许多次却从没注意过的那条小路，让自己的心闲下来，把繁忙的学习、事务暂时放在一边，欣赏大自然的美丽，圆月清风，柳絮细雨……给自己做个天然的心灵放松Spa；或是让自己早早地、美美地睡上一觉，让疲惫的大脑也放一个假。放松之后重新开始学习，你会收到事半功倍的效果。

策略五：热爱家人，善交朋友，保持微笑

假如对某些人、事、物很关心的话，你对生命的看法一定会大大地改变。如果只为自己活，相信你的生命就会变得很狭隘，处处受到局限。自我中心的人也许会不断地进步，但是却永远不易感到满足。心理学家艾力逊曾经说过："只顾自己的人结果会变成自己的奴隶！"可是关怀别人的人，不但能对社会有所贡献，更可以避免只顾自己而过着枯燥乏味、毫无情趣的生活。那么你应该关心什么？关心谁呢？

当你张开眼睛，眼前出现的谁？你的父母家人，好友同伴？他们是你最珍贵的人。全心全意地爱他们，付出一点点，你就会得到一大堆的快乐。

怎样表达你的爱？"微笑是全人类最易懂的语言。"不管文化有多么不同，语言有多大障碍，一个微笑，全世界的人们都能明白你所想要表达的意思。

总之，让快乐的习惯成为一种持久"可怕"的力量！因为一旦你养成了，那很难再戒掉了，做事情的时候也会按照这一习惯进行。这样，快乐就会和你如影随形。

◎做一做◎

看完这一小节后，放下书本，站起身来，给自己的父母一个发自内心的、温暖的微笑,再过去给他们一个大大的拥抱,说一声,"我爱你们"。看着他们的笑脸,你是否觉得比刚刚的心情好了许多了呢?

策略六:给他人带去快乐

人类的一大快乐就是和别人一起分享快乐。自己得到了快乐,也要懂得为别人带去快乐。看见别人因为我们而快乐,我们会获得更多的快乐。

千万别把这件事看得有多么难。替别人冲一杯热茶或者咖啡,你就会得到别人充满感激的微笑。当收到别人的小礼物时,写一封表达感谢的小短信。这很容易被我们忽略,但人们送出礼物时,总希望对方喜欢。事实上,把你的喜欢和感谢都表达出来,在你得到快乐之后,也带给了别人快乐。真诚地赞扬别人,给他们热情的拥抱,这是你表达欣赏他人的最好方法。

◎做一做◎

青少年:对比先前写下的东西,再想一想,怎样使自己快乐起来?提出自己的一些小方法。

家长:看过孩子写下的不开心的事情以及解决方法后,也请你想一想,如何让自己的孩子快乐起来?

自我反思

我们了解了什么是快乐,通过"战俘的例子"知道了怎样才能更容易得到快乐,快乐的表现,快乐的作用,以及怎样创造和培养快乐的小技巧。现在让我们静下心来,回忆一下到目前为止我们学到了什么，有什么感想。把你的心得体会、内心想法或是让你印象深刻的一点写在下面的便签上。

第二节 满世界都是新鲜的——好奇

引言

> 谁要是不再有好奇心也不再有惊讶的感觉，谁就无异于行尸走肉，其眼睛是迷糊不清的。
>
> ——[美]爱因斯坦

"鸟都会飞，为什么鸵鸟不能？""为什么菜变酸之后就不能吃了？""为什么镜中的自己总比照片上的看起来更帅更漂亮？"每天，我们的脑袋里会蹦出各种各样类似的疑问。我们想要知道答案，所以我们看书、询问老师和同学。也为了解了更多的知识而欢欣雀跃。可为什么我们会有这么多的问题呢？为什么有了问题之后会努力想要知道答案呢？ 我们可能很少会想到这些问题。"好奇"便是这样一个有了大功劳却常被人们遗忘的"小东西"。 好奇让我们想要了解这个五彩斑斓的世界，为我们开启一扇多彩世界的大门，我们因为好奇而快乐成长。 想要了解它的小秘密吗？ 请往下看。

案例

小刚的烦恼

小刚是一个来自农村的男孩，自考上重点中学之后一直被村里人认为是考大学的"好苗子"。他也一直努力学习，所以初二就进了年级的提高班。但就在这个时刻，他注意到了班上的一个女生，虽说平时也没说过几句话，但他也说不清怎么了，总是忍不住偷瞄她，关注她的一举一动，连上课也经常走神，晚上不知不觉就想到了这个女生。这些举动让小刚觉得自己很反常。理智上他努力告诉自己应该克制这种不正常的想法，但是就是不能把全部精力用到学习上去。最近学习成绩也有些下降，这让他更加自责，觉得对不起家人的殷殷期望。他本想跟同学和老师叙述自己的烦恼，但觉得这些想法本身是不对的，根本不好意思开口，更加憋闷在心里，得不到解决，整日都郁郁寡欢，发呆的时间也越来越多。

◎想一想◎

　　小刚到底怎么了？是什么造成了小刚的烦恼？

问题探析

有很多人可能把小刚现在的情况归结为"早恋"问题，加以严厉的批评。不过，处在青春期的我们因为身体上的巨变而导致心理上也产生了很大的变化。我们会对异性产生强烈的好奇，希望了解并与她（他）们交往，甚至产生一些朦胧的好感，这都是非常正常的。小刚的主要问题在于没有正确处理男女同学的关系，而且认为这是一件见不得人、羞于启齿的事，不敢告诉别人，这个困惑也就一直埋在小刚的心里。

这个时期的我们，相对于身体上的成熟，我们的自控能力还相对较弱，在处理情绪等问题方面还不成熟。小刚便是如此，上课的时候思绪如脱缰的野马漫天奔跑，在对异性产生好奇的时候，一味地排斥，刻意地压抑和否定，只能是将问题更加恶化。

这种感情的萌发并没有达到"毁掉前途"的可怕程度。保持正常的交往关系，同时积极参加集体活动，有助于陶冶自己的情操，分散注意力，减轻烦恼，也使头脑能够冷静下来再认真思考。正确处理这种感情对于我们的成长至关重要。

深入阅读

（一）好奇，难以抵挡的情绪

好奇是人对事物和现象表现出的惊异和探究的心理倾向。听上去似乎有些学问，让我们举两个简单的例子来说明一下。

• 中午放学，你已经感觉饥肠辘辘，第一件想到的事情当然是吃饭。可当你回家之后，桌上摆着的不是香喷喷的饭菜，而是一个大纸盒子。你会怎么做？越过它视而不见还是停下来对它细加观察，甚至想要打开看看里面究竟是什么？我想，大多数人都会做出第二个选择。而当你在仔细研究纸盒子的时候，是不是几乎都忘了自己已经饥肠辘辘？

• 小时候，妈妈爸爸总是告诉你，不能把手指放进正在运转的风扇中，因为那样是很危险的。可是你盯着高速运转的扇叶，心中总是充满了好奇，为什么静止的时候是分开的三片扇叶，在打开开关之后，就变得连在一起了呢？你可能无数次地将手指靠近扇叶。我们是否曾经也有过类似的经历？

从上面两个例子中，我们不难发现好奇有一个非常重要的前提，那就是对所不了解的事物感觉到新奇而感兴趣。而这也正是字典上对于好奇的解释。未知的事物总让你充满新鲜感以及想要深入探究下去的欲望。

当我们遇到某种新奇的事物或现象时，首先会产生惊异或惊奇之感，接着便萌生探究、想要知道的渴望。正是这种渴望推动人们去锲而不舍地追寻真理。所以有人曾说，好奇是人类在解决问题道路上的第一个推动器。

（二）好奇的好处

1.好奇帮我们了解世界

青少年总有一颗好奇的心。对于我们来说，周围的一切大到宇宙飞船小到自己宠物的小窝，都是新奇的。前文提到，青少年总是对周围的事物抱有持久的热情，同时也抱有一种探究的渴望并付诸实践，揭开世界一个又一个神秘的面纱。在发现的过程中，我们不仅获得了快乐，也渐渐成长。

• 牛顿小时候看到苹果熟了掉下来很好奇，他想地球上的东西，失去了支持后为什么都掉到地上来,而不会向其他方向掉呢? 后来,他终于发现了万有引力定律。

• 大动物学家古多尔小时候,经常钻进鸡窝一直待五个钟头,只是为了要看看母鸡究竟是怎么下蛋的。后来,她只身进入非洲丛林与黑猩猩为伍,第一次揭开了野生黑猩猩行为的奥秘。

我们在好奇中成长。如果没有好奇,新的、复杂的事物只会让我们紧张,我们可能会胆怯地逃离,不敢接触一切新异的事物,那么结果只能是故步自封,人类也不可能进步。

2.好奇也能带来好心情

好奇在我们的认识活动中起着非常关键的作用! 好奇是认识和实践活动的巨大动力,是推动人们去追寻知识和从事认识活动的积极心理因素。凡是符合个体好奇的认识活动,就能提高人们的积极性,使人积极愉快地从事某种认识活动,获得真知。而一旦因为好奇的驱使而让一个人接触某个事物,在此过程中同时会产生积极的情感体验,诸如上节我们说的快乐。因此,好奇和积极情感是紧密相连的。

总而言之,好奇心是我们成长的前提,是探索奥秘的根本,是发明创造的基础,是社会发展的动力。好奇心同样也是艺术创作所不可缺少的东西呢!

◎ **想一想** ◎

1.如果当你被苹果砸到头之后,你会做出什么样的反应呢?

_____

2.为什么牛顿发现了万有引力,在他之前也有被苹果砸到头的人却没有发现呢? (结合上题你的答案)

_____

(三)好奇与我们的大脑

谈到好奇,我们要引入一个词——"不随意注意"。不随意注意是指事先没有目的、不需要意志努力的注意。比如我们正在专心致志地听课，突然一声巨响从窗外传来，大家都会不约而同地将视线朝向声音的来源地。我们没有任何准备，也没有明确的任务，完全是因为窗外突来的巨响，引起了我们的注意。很多时候，好奇最开始就是这样的。

著名心理学家巴普洛夫曾用狗做过条件反射的实验，让狗在只听见声音没有看见食物的条件下就能产生唾液分泌的反应。他的助手在完成这一实验后，就请巴普洛夫过来参观，可令人奇怪的是，每当他在场的时候，实验总是不成功。经过仔细分析，巴甫洛夫终于找出了"罪魁祸首"——朝向反射。正如上面的例子，我们听见声音，便朝向了声音的来源地。

好奇最初是一种先天性的无意识心理，后来才与知识、经验等产生联系。当人们知道得越多，就越加希望知道更多的东西。好奇大都发端于一种与大脑中原有知识、经验发生碰撞的东西。正如爱因斯坦说，"为什么我们有时会完全自发地对某一经验感到'惊奇'呢？这种'惊奇'似乎只是当经验同我们的充分固定的概念世界有冲突时才会发生。每当我们尖锐而强烈地经历到这种冲突时，它就会以一种决定性的方式反过来作用于我们的思维世界。思维世界的发展，在某种意义上说，就是对惊奇的不断摆脱"。所以，发展到后期，好奇是与"有意注意"（有预定目的、需要一定意志努力的注意）相联系的。有确定的目标，加上意志的努力集中在某一点上，才能排除外界或是另外新异刺激的干扰，深入地研究下去。这种认识过程并没有结束，通过这种过程，好奇短暂地平息了，而新的好奇又会发生，驱使人进行新的认识。

换一种简单的方式来说。当我们第一次看见潜水艇的时候，我们会产生好奇，因为从小的经验以及在课堂上学到的知识都告诉我们船是行驶在江河海的表面，而潜水艇与我们心中船的形象却相去甚远。我们想要弄明白为什么会产生这样的情况。当我们知道潜水艇是在鱼儿们在海里游行的原理上建造起来同时兼具船的一些基本性能后，我们对于海中行驶的船只有了更深一步的认识，改变了我们现有的认识模式。而在这个认识基础上，我们会产生新的好奇。

PS：朝向反射是注意最初级的生理机制，是由一定强度的某种新异刺激引起的，是人和动物共同具有的一种反射。

（四）我们在好奇些什么？

小明是一名初二的学生，最近他被好奇和忧愁的情绪所困扰着。刚上初中开始，他就发现自己有了很大的变化。他吃得多了，也长高了不少，出现了喉结，下巴上开始出现青涩的胡茬，如果不及时清理，便会如同雨后春笋般冒出来，再也不是小孩的模样。可是爸爸妈妈却浑然未觉，依然把他当做小孩子，"出门叮咛带伞，吃饭要他多吃些，每天唠叨他认真做作业。"他觉得自己已经是个大人了，有自己的想法了，可是心底对这过快的变化又有一些小小的忐忑和好奇。不知从何开始，他连和女生打招呼都会脸红心跳，觉得不好意思。再看曾经的同学，好像都变了不少。他和男同学们开始讨论班上哪个女孩子漂亮，哪个女孩子身材好等等问题。他很想与父母交流一下自己现在复杂的心情，可是又觉得不好意思开口，也怕被爸爸妈妈说是不好好学习，成天只知道胡思乱想。他觉得很苦恼。

青春期一直被专家们比喻为"风暴的来临"；家长们称之为"叛逆期"。研究表明，进入青春期以后，青少年会自觉不自觉地将自己的专注点从外界收回，投向自己的内心世界。我们会更加关注自己的变化，自己的想法。

而首先引起我们注意的便是自己生理外貌上的变化。当我们进入初中之后，会逐渐发现平时熟悉的身体像是被施了魔法一样，发生了一些不在我们预期之内的变化，就如上面小明的情况。他的个子迅速地蹿高，喉咙长出了喉结，说话的声音成了传说中的公鸭嗓子，下巴上如雨后春笋般冒出了爸爸才有的胡茬，看上去更像一个大人，快速地摆脱了孩童的影子。但是我们的内心却没有跟上身体急速成长的"火箭",没有做好迎接变化的充分准备。我们会感到很好奇,这些变化都在我们的意料之外,而且来得如此迅猛。女生身体上的变化与男生则完全不一样。她们的声音变得更加柔和,身体变得比较丰满,胸部和臀部更加接近成年女性的模样。卵巢和子宫的发育让女生们的"好朋友"在某个时期突然到来,从那之后,妈妈会摸着我们的头微笑着说"我家姑娘长大了"。一切似乎是受了一场春雨般萌芽成长起来。

男女生之间的巨大差异,让我们对异性产生了极大的好奇。从前觉得很熟悉的同学好像变得不太一样了,这时我们才真正有了性别差异上的认识。小明上初中之后,就会与男同学讨论各种关于女生的话题,这就是对异性好奇的表现。相信女生也会有对男生类似的讨论。

巨大的自我变化就这样降临在我们身上了。一切的未知让我们对科学和新知识变得更加好奇。我们想要把更多的时间放在认识自我上,希望能在科学和知识的海洋中解答我们的疑惑。

◎ 想一想 ◎

青少年:在你成长的过程中出现过类似小明的问题吗? 如果有,你是如何面对的呢?

_____

_____

家长:如果你的孩子也有小明一样的情况,作为父母,如何帮助他适应新的生活?

_____

_____

(五)无知的好奇

青少年的外貌在极短的时间变化得近似成人,会让青少年萌生我已经是大人的感觉，可是心智却还没有达到同等的成熟高度。

小虎13岁，因为从小学习好，成绩优秀，今年考上了一所重点中学，读初一。暑假期间，小虎发现他的小伙伴都在玩电脑，网络上的游戏画面绚丽，音效也极好，让他觉得非常新奇。小虎要求因考上重点买一台电脑作为奖励，父母答应了他的要求。因为是暑假，小虎上网时间逐渐增加，甚至忘了吃饭，而且主要在玩游戏。开学之后，这种情况并没减轻，严重影响了学习。父母便加以阻止，要求他减少上网时间。刚开始一周小虎还能坚持，以后却又故态重演，甚至作业不能完成，成绩直线下降。后来在小虎上网时间过长时，父亲便强行制止。这引得小虎异常不满，以摔东西、绝食来抗议，最终以父母妥协而告终。之后上网时间更长，父母的阻止丝毫不起作用，甚至发展到父亲阻止而引来双方动手的程度。他的脾气越来越暴躁，不与父母沟通。这让父母异常痛苦。

现在是信息大爆炸的时代。网络的迅猛发展，使原先遥不可及的知识信息变得一点即得，丰富了大家获取知识的通道，将整个世界的信息整合起来呈现在大家面前。可任何事物都是双刃剑，横行网络的还有许多黄色、暴力的信息。上面小虎的情况已经是摆在社会学家面前的重大问题——"网络成瘾"。游戏里通过完成任务就能获得金钱、荣誉，这对于还没有适应现实生活的我们来说极具诱惑力和吸引力，而自控能力没有发展成熟的我们更容易深陷其中，甚至分不清游戏和现实。

今年15岁的小军最近也让他的老师和父母烦恼不已。不知道从什么时候起，他学会了抽烟。最开始也就一天几根，可后来发展到了每天一两包的程度。经过同学反映，老师不止一次地发现他和几个同学偷偷躲在厕所里吞云吐雾。而他的父母在打扫房间的时候也发现他的床底下有许多烟头。老师和父母都分别找他谈话，刚开始都得到了小军的保证，表示以后都不会再抽了。可这种情况并没有消失,反而愈演愈烈。他的父母都表示束手无策。

小军最开始发现有几个同学开始抽烟,看着他们颇"潇洒"熟练的动作,他对抽烟产生了极大的好奇。因为电视剧、电影中有大量抽烟的镜头,用来衬托男主人公的英雄气概。同许多青少年想的一样,他也觉得那是成熟男人的象征,是自己不再是小孩子的最好证明。在青春期外表急剧变化后,青少年们都强烈渴望向外界证明自己已经独立,有独立的想法,是独立的社会人。而小军便因为无知,选错了表达自己愿望的方式。大量的科学研究表明吸烟严重影响人的身体健康(与肺癌等一系列疾病呈正相关),而尤其是对还在发育的青少年危害更甚。

现在出现在我们头脑中的好奇,似乎是一身黑衣,带着坏笑的邪恶天使。它手中拿着武器,嘴里叫嚣着"解放、自由"的语句,给你带上眼罩,让你无视周围的美好,一意孤行地行走在破坏、充满荆棘的路上。

可是,好奇真是如此的邪恶吗?

NO！好奇不一定会害死猫！

"好奇害死猫"源于西方谚语:Curiosity killed the cat. 西方传说猫有九条命,怎么都不会死去,而最后却恰恰是死于自己的好奇心。这句话大多是用来强调好奇心可怕的力量。在上文中,我们也看到了许多青少年因为好奇而误入歧途的例子。这样仿佛更加验证了好奇心的负面作用。但在实际生活中,我们知道好奇心是不可缺少的。如果能正确对待好奇心,可能会获得意想不到的成果:

好奇＝创造发明？

• 我国伟大的地质学家李四光小时候常常一个人看着家乡的一些来历不明的石头出奇地遐想,好奇地自问,为什么这里会出现这些孤零零的巨石？它们是借助什么力量到这儿来的？后来李四光走遍了全中国的山川河流,作了大量的考察与研究,终于断定这些怪石是冰川的浮砾,是第四纪冰川的遗迹,纠正了国外学者断定中国没有第四纪冰川的错误理论。

• 爱迪生是著名的大发明家,好奇在他的童年及青年时期起到了巨大的作用。他小时候对什么都感兴趣,对自己不了解的事情总想试一试,弄个明白。一天,他指着正在孵蛋的母鸡问妈妈:"母鸡把蛋坐在屁股底下干嘛呀?"妈妈说:"哦,那是在孵小鸡呢!"下午,爱迪生突然不见了,家里人急得四处寻找,终于在鸡窝里找到了他。原来,他正蹲在鸡窝里,屁股下放了好多鸡蛋孵小鸡呢!

纵观人类历史,几乎每一项发明都是好奇的成果。人们对鸟类飞翔能力的好奇产生了飞机,对海底的好奇产生了潜艇,对宇宙的好奇产生了各种望远镜,对自然现象的好奇产生了万有引力、电的运用、核能的发展等等。

现在头脑中的好奇还是刚刚的样子吗?它好像变成了一身白衣,顶着耀眼光圈,带着善意笑容的天使。它带着我们行走在通向成功、充满光明的荣誉殿堂。似乎我们已经能看见那扇满是金光的大门就在不远处的前方。

所以好奇本身没有好坏之分,关键是如何正确地运用它。就像有两个小天使在你的脑海里,一个代表善意,一个代表邪恶,你的意识想要偏向哪边呢?

做一个真正成熟的人

正确运用好奇,做一个真正成熟的人。成熟并不是通过抽烟或是在游戏里得到虚幻的荣誉而形成的,而是必须要有正确的方向和生活观念。

观念一:树立自己的指南针

青少年是智力稳定发展和知识积累的时期。世界观、价值观也萌芽于这个时期,而正确的世界观和价值观是人生的指南针。形成科学、健康的世界观和价值观需要很长的时间,并不是一蹴而就的。

有这样一个小故事：一位记者到我国某贫困地区采访，碰到一个放牛娃，就问他："你每天放牛是为了什么？"答："为了讨个媳妇。"问："讨媳妇为了什么？"答："生娃。"问："生娃干什么？"答："放牛。"大家看到这个事例，可能会发出阵阵笑声，嘲笑这个放牛娃的目光短浅。但是大家有思考过我们的人生目的是什么吗？我们为什么学习？因为父母要我们学习？因为老师要我们学习？

有一天，东关模范高等学堂的魏校长把同学们召集起来，问大家："读书为了什么？"

有的同学说："为了给自己将来找条出路。"

有的同学说："为了能发财致富。"

还有个同学说："为了帮助父母记账。"

魏校长问周恩来："你呢，为什么读书？"

周恩来站起来，大声地说："为中华之崛起而读书。"也就是为了中华民族的强大兴盛，像巨人一样挺立在世界而读书学习。周总理有了为国家富强而努力终生的人生指南，在今后的岁月里，他都朝着这样的目标而坚持不懈地奋斗着，最终实现了自己的理想。所以说，树立正确的世界观、价值观对于人生努力奋斗的方向是至关重要的。实现自己的人生价值也才是体现一个人真正成熟的标志之一。

观念二：知识的力量不止如此

爱迪生的一生，仅是在专利局登记过的发明就有 1 328 种。一个只读过三个月书的人，怎么会有这么多发明创造呢？看过上面"爱迪生孵小鸡"的例子，你一定会说好奇心居功至伟，大家可能都觉得不学习也可以成才。但只有强烈的好奇心就可以了吗？不是这样的。爱迪生的母亲是位伟大的母亲。她没有因为儿子因好奇心惹下的祸责怪他，相反，她决定自己把孩子教育好。当她发现爱迪生好奇心重，对物理、化学特别感兴趣时，就给他买了有关物理、化学实验的书。爱迪生照着书本，独自做起实验来。可以说，爱迪生虽然没有在学校得到正规的教育,但是他通过自学掌握了发明创造需要的知识。

现在大家有良好的教育环境,父母的悉心照顾,老师的谆谆教诲。我们能够安心努力地学习各学科知识,让这些成为我们面对未来最好的武装,成为打开荣誉殿堂的钥匙。

观念三:多彩的兴趣

毛主席形容我们为早上七八点钟的太阳,带着无限的蓬勃朝气。世界是多元的,我们也应该注意全面发展,培养健康、丰富的业余生活爱好,陶冶自己的情趣、情操,在愉悦中开阔视野、增强知识。而低级、庸俗、不健康的东西对人的危害是非常大的。上面所说的网络游戏、抽烟等就像麻醉剂一样,使人在不知不觉中中毒。

培养正当的兴趣爱好,是需要时间的。兴趣爱好不是天生的,最初常常表现为一种好奇心,这种好奇心在适当的环境中就能成为兴趣爱好。我们在老师的指导下,亲身实践,在自己的探索中,逐渐培养起来。明朝人张岱曾说过:"人无癖,不可与交,以其无深情也。"可见兴趣爱好对人及其在社会人际关系中的重要性。

◎**想一想**◎

青少年:1.假如你是小军或者小虎,在周围许多同学都出现抽烟、沉迷网络游戏的情况时,你怎么处理呢?

_____

_____

2.当你对某样事物或某件事情产生好奇之后,你是怎样处理的呢?

_____

_____

家长:1.怎样预防孩子出现像小军和小虎的问题?

_____

_____

_____

2.在孩子的成长过程中,有没有积极关注孩子出现的好奇? 你是怎样对待孩子的探索行为的?

_____

_____

解决策略

培养我们的好奇心

在书本上,在老师的课堂上,甚至是在父母的殷殷嘱咐中,好奇心总是和创造性、成功等字眼相联系的。而前面我们也已说明好奇心对我们的健康发展有很大的益处。可是,如何培养我们的好奇心呢?

策略一:永无止境地发问——why?

很多人害怕提出问题。因为觉得自己知识面狭窄,生活经验简单,怕提出一些幼稚的问题惹人嘲笑或因为害怕犯错被人指责。他们产生的问题会长期窝在心里,而又得不到解决。久而久之,他们就逐渐忘记了好奇,以避免因为好奇产生问题,但又没有得到解答产生的不快情绪。

爱迪生从小就喜欢问问题,问了一遍又一遍,不厌其烦,还喜欢刨根问底,为了证实自己的想法有时候还会闯祸。有一次他看到铁匠将铁在熊熊的烈火中烧红,然后锤打成各式各样的工具时,就晃着脑袋提出一个又一个问题:火是什么东西? 火为什么会燃烧? 火为什么这么热? 铁在火中被烧之后为什么会发红? 铁红了为什么就软了? 回到家,小爱迪生在自家的木棚里开始了他最初的实验。他抱来干草,并将其点燃,他想弄明白火究竟是什么。然而,小爱迪生的第一次实验就引来了一场火灾,将家中的木棚烧掉了。

只有多多地提出问题,才会解开心中的谜团。由好奇心引起的初步探索才能得以继续下去，得到的积极反馈会激发你持续旺盛的好奇心。而对于爱提出问题的学生，老师不但不会批评，反而会夸奖你好学好问。因为所有人都是从零开始，没有谁一出生就什么都会的。

策略二：不要给事物贴上无聊的标签

小华周末放假和妈妈回乡下老家玩。望着窗外低矮的平房，没有铺沥青的坎坷小路，闻到因为每家都饲养了家禽而弥漫着的臭烘烘的味道，小华觉得无聊极了。没有游戏机，没有电脑，两天的时间小华要不躺在床上睡觉，要不守在电视机面前看动画片。

小明周末放假也和妈妈一起到乡下老家玩。老家的一切风情于他来说都是新鲜的。没有城市里的高楼大厦，没有汽车鸣笛的喧嚣，没有道路两旁繁华的商店。田里青青的麦苗让他觉得新奇，羊肠般的小道让他觉得神秘。连小房子里臭烘烘的猪窝他也可以盯上半天。看着婆婆把猪食拌好往猪槽里倒，看着大猪小猪们吃得哼唧哼唧的。可是，在婆婆拌猪食的时候，他发现一个问题，饲料里总会混入一些小铁钉，但是因为极其细小，总要花很多时间才能将小铁钉挑出来。回到学校以后，在老师的指导下，小明发明了磁铁搅食棍。只要在饲料里轻轻搅两下，铁钉便都附着在磁铁棍上了。

永远别给事物贴上无聊的标签！每一种现象、每一处风光都蕴含着它自己的小秘密。例子中的小华刚一到乡下，因为与自己平时习惯的生活截然不同，便轻易地下了无聊的定论。他把自己锁在无所事事的小房子消磨时间，对窗外新鲜的风景视而不见，错失了可能像小明一样发现问题的可能性。这就如同我们一直在努力寻找的珍宝其实一直披着无趣的外表隐匿在我们身边，而我们因为它们的外表就这样与它们失之交臂。如同约里奥－居里用 α 粒子轰击元素铍时，发现一种很强的射线。但他没有深究，认为只是一种普通的射线，从而错过了中子的发现。

策略三：与已有知识相联系

"阿基米德测皇冠"的例子大家应该都听过。从前有一个国王叫工匠做一顶纯金的皇冠。工匠完成后，国王怀疑工匠私吞了黄金，但又没有证据。于是，国王将阿基米德找来，要他在不损坏皇冠的条件下，想法测定出皇冠是否掺了假。这可是个难题！阿基米德想了好几天。一天，他在洗澡的时候发现，当他的身体在浴盆里沉下去的时候，就有一部分水从浴盆边溢出来，这让他想到密度的相关知识。阿基米德将与皇冠一样重的一块金子、一块银子和皇冠分别放在水盆里。金块排出的水量最少，银块最多，而皇冠排出的水量处于两者之间。阿基米德得出皇冠掺了银子的结论。因为金子的密度大，银子的密度小，因此，同样重量的金子和银子，必然是银子体积大于金子的体积，放入水中，金块排出的水量就比银块少。

我们来分析一下阿基米德解决问题的思路。当阿基米德看到自己身体进入浴缸而有水溢出的时候，他最开始是感到好奇的。他会提出许多问题，譬如"为什么水会渗出浴缸？渗出的水代表着什么呢？怎么解释这个现象呢？"接下来，他的大脑在努力地思考着，犹如在一个大型图书馆里寻找一本书。终于，一本名叫《密度》的书跳了出来，他恍然大悟，原来是这样的。而测黄金的问题也就迎刃而解了。

前文说到，好奇最初是一种无意识心理。事物的新异性吸引了我们的注意，赢得了我们的关注。而如果没有已有的丰富知识作为铺垫，那我们将永远停留在对事物新异的好奇上。如果阿基米德的头脑里没有密度的相关知识，他也无法在这个问题上继续地想下去，那么好奇的小火苗也将在不久之后熄灭。

策略四：吸收别人的热情

大家在学习的时候有没有发现自己看书永远觉得无趣，那些理论、公式生硬得一点都不可爱，看着看着眼皮就沉重了。可是有些老师讲起来却总是那么生动有趣，就算是再无趣的公式、英文字母也能像音符一样在黑板上欢快跳跃。我们学得轻松，而且惊奇地发现，不用死记硬背它们也早已深入我们的记忆当中。是什么实现了这样神奇的效果？

这些老师总是富有热情，而且把他无穷无尽的热情散发出来。就像"李阳疯狂英语"一样，他把学习英语的这种热情通过演讲的方式传播给大家，我们感染了他们的热情，看待世界的方式也会变得不一样。原来那样无趣、呆板的东西也能变成富有活力、善于变化的小精灵。你说对吗？

◎ 做一做 ◎

青少年：根据上面写到的关于培养自己正当的好奇心，成为真正成熟的人的一些策略，再想一想，怎样让自己的好奇心变得持久？同时写下自己的一些小方法。

_____

_____

家长：根据爱迪生的成长之路以及孩子平时的一些表现，请你想一想，如何培养孩子健康的好奇心？

_____

_____

自我反思

我们了解到了隐藏在好奇背后的小秘密，对这个在我们学习、生活中起重要作用的"小不点"有了一定的认识。通过小军、小虎以及著名科学家的例子明白了好奇是把双刃剑，我们明白需要正确运用、培养健康的好奇心。现在，我们首先在下面的便签左边写上以前我们对待好奇的方法和看法，然后再在右边写下现在你的看法和会采取的方法,比一比有哪些改变。针对两边的不同之处,写下自己的想法。

第三节　那一刻,我是最棒的——自豪

引言

要有生活的愿望和对本身力量的自信,那么整个一生将会是一座最美好的时钟。

——[俄]高尔基

小学时老师总会问一个问题:你们长大以后想做什么? 梦想的雏形由此形成,可总有一个"你"只是想做一个普普通通平平凡凡的木匠。 当亲切和蔼的老师问到你时,你紧张,你怯懦,你抿嘴,你闭眼,你不敢,你生怕自己说错答案,你害怕同桌的她发现你没有远大抱负,你害怕老师从此不将小红花戴在你胸口了。 可是,你无法背叛自己的心,你小心翼翼地说:"我想做一个木匠。"你声音很小。

梦想是没有大小的，你应该为此感到自豪。 梦想是值得自豪的。

1932年，中国代表队派出了刘长春参加洛杉矶奥运会，值得一提的是当时代表团只有刘长春一个人。 1984年，又是在洛杉矶，奥运会男子手枪慢射比赛中，中国选手许海峰获得了中国在奥运史上的第一枚金牌。 后来的2008年北京奥运会，中国取得了巨大的成功。 在奥运场馆中，一次次庄严地响起《义勇军进行曲》。 当五星红旗冉冉升起，当运动员饱含热泪，当他们亲吻奖牌，总会带给国人无比的自豪。

那么，自豪到底是什么呢？ 自豪是好是坏呢？ 自豪又为我们的生活带来了怎样的影响？ 本节将一一为你解答这些问题。

案例

九天飞舞

2012 年有一件获得广泛关注的事:神舟九号载人宇宙飞船与天宫成功交会对接。这也掀开了中国航天史上极具突破性的一章。

中国计划 2020 年将建成自己的太空家园,中国空间站届时将成为世界唯一的空间站。而这一切的前提是:在 1970 年以前,中国是没有卫星的。只是仅仅五十年,从对外太空一无所知到计划中的空间站——天宫。这是多么令人叹服的进步!

1970 年 4 月 24 日,第一颗人造地球卫星"东方红"1 号在酒泉发射成功,中国至此成为世界上第五个发射卫星的国家。许多老人还记得那带着杂音的电波"东方红,太阳升,中国出了个毛泽东"。

1999 年 11 月 20 日,中国第一艘无人试验飞船"神舟"一号试验飞船在酒泉起飞,21 小时后在内蒙古中部回收场成功着陆。

2003 年 10 月 15 日,中国第一位航天员杨利伟乘坐神舟五号飞船进入太空,实现了中华民族千年飞天梦想。而这个名字,会让你想起在舱内淡定沉着地操作仪器的样子吗?会让你因为看到这个军人从容走出降落舱而兴奋吗?会让你一时无法控制眼泪时而热泪盈眶吗?

◎想一想◎

(1)亘古绵延的万里长城、顺利飞天的"神九"飞船、大气磅礴的故宫等等,都使中国人感到自豪,除这些以外还有哪些让你体会到自豪呢?

(2)成长过程中,你体会过自豪吗?自豪带给你怎样的体验,正面的还是负面的?

问题探析

两弹一星事业是中国的骄傲,是中国人民的骄傲。我们也知道,核武器是一个强国的标志,而很多年前中国是没有核武器的,为此无数中国人为此努力,为之奋斗。钱学森先生作为两弹一星的元勋,曾多次被美国挽留，但是他却毅然决然地选择回国，选择为了祖国的核科学技术做出自己的贡献。他曾说："我的事业在中国，我的成就在中国，我的归宿在中国。在美国期间，有人好几次问我存了保险金没有，我说1块美元也不存。因为我是中国人，根本不打算在美国住一辈子。我在美国前三四年是学习，后十几年是工作，所有这一切都在做准备，为了回到祖国后能为人民做点事——因为我是中国人。"他为祖国感到自豪，为身为中国人感到自豪。

我们无论有多少不满，有多么愤怒，但在祖国需要我们的时候总是会毫无保留地爱我们的祖国，为它骄傲，为它自豪。

深入阅读

（一）你曾感到过自豪吗？

《现代汉语词典》这样解释"自豪"：自豪，自己感到光荣，值得骄傲。心理学上的定义是：当自己（或自己所在集体）的中值价值率大于社会（或其他集体）的中值价值率时，人就会产生自豪的情感。相对而言，当自己（或自己所在集体）的中值价值率小于社会（或其他集体）的中值价值率时，人就会产生自卑的情感。让我们来看看以下几个例子。

在与其他班级的拔河比赛中，你和同学在呐喊中坚持着拼尽全力，最终共同赢得了比赛。你有怎样的感受？

你的亲人站在领奖台上，手捧奖杯和鲜花，台下掌声轰鸣。你有怎样的感受？

你经过一年的努力，被老师同学们评为"三好学生"，并站在讲台上为同学们介绍自己的学习经验。台下同学看你的眼神里充满着羡慕与崇拜，你有怎样的感受？

不置可否的是,大家都会感到自豪。正如上文提到的,自己或者自己所在的集体的中值价值率大于社会的,就会感到自豪。也就是说,自己比别人优秀,自己所在的集体比别人的优秀,自己就会感到自豪。我们因此感到振奋、光荣、骄傲,我们充分沉浸在这种属于我们的感受中。

(二)多种多样的自豪

自豪的种类很多。我们将自豪分为以下几类。

1. 为祖国而自豪

上文提到了神舟九号飞天的成功,乃是全中国人民的自豪。我们来看古代劳动人民为我们带来的自豪感吧。

在我国北方辽阔的土地上,东西横亘着一道绵延起伏、气势雄伟、长达十万多里的长墙。这就是被视为世界建筑史上一大奇迹的万里长城。长城是古代中国在不同时期为抵御塞北游牧部落联盟侵袭而修筑的规模浩大的军事工程的统称。

长城是我国古代劳动人民创造的伟大的奇迹,是中国悠久历史的见证。它与故宫、泰山、兵马俑同为我国的第一批世界遗产,一起被世人视为中国的象征。它凝聚着我国古代人民的坚强毅力和高度智慧,体现了我国古代工程技术的非凡成就,也显示了中华民族的悠久历史。如此浩大的工程不仅在中国,就是在世界上,也是绝无仅有的,因而与罗马斗兽场、比萨斜塔等列为中古世界七大奇迹之一。而其中值得注意的是许多关隘的大门,多用青砖砌筑成大跨度的拱门,这些青砖有的已严重风化,但整个城门仍威严峙立,表现出当时砌筑拱门的高超技能。并且从关隘的城楼上的建筑装饰看,许多石雕砖刻的制作技术都极其复杂精细,反映了当时工匠匠心独运的艺术才华。

这样一个震古烁今的中国建筑奇迹,是值得每一个中国人骄傲和自豪的。而这样一种自豪会牵引着我们更加热爱自己的祖国,热爱自己的家乡,督促自己在长大以后为祖国建设贡献自己的一份力,为社会发展做出一份贡献。

此时此刻,一幅跨越时空,交织着历史与现实的画卷渐渐浮现……每个黄皮肤黑头发的中国人都有着炎黄的血脉,每个华夏子孙都把龙看做自己永恒的图腾,都把长城看做劳动人民伟大的奇迹,每个中华儿女,无论身在何方,心中都有一件让他永远割舍不掉的东西,那就是让他们永远为之自豪的祖国。

2. 为班级自豪

在一次以班级为单位的运动会中,在激昂的运动会进行曲中,每个班级的运动健儿都朝气蓬勃,跃跃欲试。他们为了这份属于自己属于班级的荣誉而拼搏奋斗。

如果是你在参加一项跑步比赛,在你精疲力竭到随时都有可能倒下的那一个时刻,突然,听到了场边班级的同学的欢呼呐喊,他们阵阵加油声让你突然为之一振,本已疲惫不堪的身体在这一刻充满了力量,迸发了前所未有的冲劲。就是这阵阵的呐喊声鼓舞着你一鼓作气地冲向终点。

拔河比赛中,在开始的哨声响起的那一刻,每个人都鼓足了力气,想将那小小的红绳拽过自己这方的那条线。场边,作为教练的老师带领着或许臂力不够强劲但是精神也和场上同学一样强大的同学们整齐地呐喊着"一,二! 一,二!"千钧一发之际,每个人的手心都挣扎得红彤彤的,每个人的脚底都有可能打滑。可是为了胜利,每个人都铆足了劲,每个人都不肯松手,每个人都坚持着。场外也沸腾着,摇旗呐喊,连连跺脚,紧咬牙关,每个人的声音都嘶哑了,每个人的手掌都拍麻木了。可是无论如何,无论场外场内,都没有人会放弃。

篮球比赛中,你的每一次出手投篮,每一次运球,都在为集体做着贡献;足球比赛中,你每一次传球,每一次呼喊,每一脚射门,都是为了那最后一脚得分;排球赛中,每一个扣杀,每一个拦网,都充满斗志;接力跑、拔河、跳绳等等,都是集体的荣誉,都是值得自豪的事情。

你体会过这种集体荣誉感吗？你也曾为了班级的荣誉拼到最后一刻吗？这是一种热爱集体、关心集体、自觉地为集体尽义务、做贡献、争荣誉的道德情感。它是共产主义道德荣誉感的基础，是一种积极的心理品质，是激励人们奋发进取的精神力量。这就是一种发自内心深处的自豪。

3. 为亲人自豪

在20世纪的中国，杨绛与钱钟书是天造地设的绝配。胡河清曾赞叹："钱钟书、杨绛伉俪，可说是当代文学中的一双名剑。钱钟书如英气流动之雄剑，常常出匣自鸣，语惊天下；杨绛则如青光含藏之雌剑，大智若愚，不显刀刃。"在这样一个单纯温馨的学者家庭，两人过着"琴瑟和弦，鸾凤和鸣"的围城生活。

1932年3月，她在清华第一次见到孙令衔的表兄钱钟书，匆忙之间两人未及说话。虽没有一见钟情，但杨绛觉得这位瘦书生眉宇间"蔚然而深秀"；而钱钟书显然已认定杨绛"与众不同"，写信约她见面。第一句话他就忙不迭地澄清一个误会，说自己并未订婚。杨绛也赶紧表明，自己没有男朋友——原来，此前孙令衔曾对钱钟书说，他的好友费孝通是杨绛的男朋友；又跟杨绛说，表兄已跟叶恭绰的养女订婚——杨绛、钱钟书此前都没有谈过恋爱，一次极寻常的偶然相遇，掀开一段60余年的美满姻缘。

这个家，很朴素，很单纯，温馨如怡，他们只求相守在一起，各自做力所能及的事……时光静静流逝着，再美好的故事总有谢幕的一天，杨绛在《我们仨》里写道："1997年早春，阿媛去世。1998年岁末，钟书去世。我们三人就此失散了。现在，只剩下我一个。"

晚年的杨绛女士是孤单的，却也是平静的。曾有位记者在杨绛女士百年寿辰时提到在钱钟书心中她是"最贤的妻，最才的女"，杨绛女士顿了顿，笑了笑，眼神陷入迷茫的空洞，她或许是在思念吧——思念她的丈夫和女儿。

杨绛女士百年寿辰时，她评价钱钟书的作品时充满欣慰，充满喜悦。提到《管锥编》时，杨绛女士充满了自豪，在那样一个年代，民国第一才子用了整整 20 年的时间来编著这一本书。那 20 年，批斗钱钟书先生的人实在是太多了，可他却不为所动，像个孩子似的一心做他的书。每个夜晚，她都陪在他身边。

提到《围城》时，杨绛女士更是欣慰地笑笑，说到："这本书能获得这样的好评，我们也是始料未及。当初写这本书的目的只有两个，一是因为家境日下，为生存而做。二是他回不去联大，心情苦闷，加上战火纷飞的年代动荡不安，他便每日写下 600 字，博我一笑。"也有记者问道："您作为钱钟书先生的夫人会不会感到压力？"她仍旧是笑笑，说到："如果他获奖，上台领奖，我为他自豪，回到家里，我给他做饭，这又有什么区别呢？他是一个文人，一个丈夫，这不冲突。"说到这里，杨绛女士很是自豪。（摘自杨绛先生 100 诞辰年访谈）

是的，她自豪。自豪的是钱钟书先生守护她一生，自豪的是钱钟书先生的作品广为流传，自豪的是钱钟书先生被给予如此高的评价。她在钱钟书先生去世 12 年后坚强地活着，平静地活着，自豪地活着。

4. 为梦想自豪

贝多芬一生坎坷。26 岁时听力渐渐衰退，45 岁时耳朵完全失聪，只能通过谈话册与人交谈。作为一个音乐人、一位钢琴家，他承受着难以言语的痛苦，就像鸟儿失去了翅膀不能飞翔，小鹿失去了四肢不能奔跑。但是孤寂的生活并没有使他沉默和隐退，痛苦的失去也没有让他妥协和放弃。

很小的时候，他就萌生了自己的梦想，那就是音乐。从 4 岁起他就整天练习羽管键琴和小提琴。8 岁时的他已开始在音乐会上表演并尝试作曲，8 岁时贝多芬首次登台，获得巨大的成功，被人们称为第二个莫扎特。不久以后，他得偿所愿，拜师于莫扎特。

1789 年法国资产阶级革命进步的思想意识给他了很多启发，从而奠定了他人文主义世界观基础——深信人类平等，追求正义和个性自由，憎恨封建专制的压迫。在一切进步思想都遭禁止的封建复辟年代里,他依然坚守"自由、平等、博爱"的政治信念,通过言论和作品,为共和理想而奋臂呐喊,反映了当时资产阶级反封建、争民主的热情。

在失聪之后他仍是坚持作曲,写下了不朽名作《第九交响曲》。也就是这部作品,反映了他的理想世界,那是一个梦想,是一种坚持的梦想,是一种坚持的追求。他的作品中,总是弥漫着生命的欢愉与热情,而且表现了空前的自由意境,突破了连莫扎特都束缚的严格形式。他曾说:自由和进步是艺术的目标,就如同整个生命的目标,如果我们这些现代人不像我们的祖辈那样坚定的话,文明的精粹在许多方面就得不到发扬。(摘自罗曼·罗兰《巨人传——贝多芬传》)

他追求自由,追求梦想,他无论遇到怎样的打击都不会放弃。他充满自信,他感到自豪,因为他拥有梦想。他是我们所有人的偶像,是值得敬佩的音乐家!

(三)自豪,心灵的运作

自豪紧随着你的成就而绽放。你投入了努力,并取得了成功。这是一种完成一项事情带给你的良好感觉:无论是完成作业,在运动场上奔跑,在家里帮助家长做家务,还是你的帮助和友善使别人感到开心。这都能使我们感到自豪。

那么我们为什么会感觉到自豪呢?心理学家们有很多的解释。心理学家 Weiner 认为,人们在行为结果产生的时候,首先会直接对结果的好坏作出判断,然后会产生相应的积极或消极情绪。但是同时他还认为,人们通常不会满足于对行为结果的肤浅了解,在多数情况下他们会思考产生这个结果的原因,这就是归因过程。

归因过程将引发新的、更为复杂的情绪体验,这种情绪甚至可能和此前由行为结果直接引发的情绪相矛盾,并替代后者。举例来说,假如你在一项重要的活动(比如篮球赛)上达到了你渴望已久的目标,当你得知这一结果的时候,肯定会高兴一阵子,这种情绪反应是以对该种结果的初步知觉为基础的,这是最初的情绪反应。然后,当你静下来思考和寻找造成这种结果的原因时,你的情绪体验发生很大的变化甚至逆转。如果你最终确定其目标的实现完全是你自己出色的能力或不懈努力的结果,你就会感到自尊、自豪、骄傲等强烈的情绪;如果你发现其目标的实现是由某种偶然因素造成的,你也许会产生幸运甚至后怕的情绪体验;如果你发现目标的实现是别人帮助的结果,你就会进一步推测别人帮助你的原因,从而产生更加复杂的体验——善意的帮助引起感激,而别有用心的恩赐则会导致不快甚至愤怒的情绪体验。所有这些复杂的情绪都是由归因的不同而产生的,它们全都依赖于归因这一高级认知过程。

心理学家 Mascolo 和 Fischer 也将自豪感定义为通过评价自己是有社会价值的人时产生的情绪。

从情绪方面来讲,我们的一些基本情绪,如愤怒、高兴等,都有一个独特的、能被普遍识别的非言语表达模式。我们自豪的时候通常也会说:"我对我所做出的××事感到自豪。"那么作为人们日常生活中的重要情绪之一,自豪也肯定存在可识别的非言语表达模式。

为了探讨这一问题,心理学家 Tracy 和 Robins 在研究中分别采用迫选和开放两种评定方式,要求成年实验对象对自豪、高兴等情绪的非言语表达进行识别。结果显示,在两种评定方式下,被试人员均能从高兴等相似的情绪中区分出自豪,自豪的识别率与高兴等基本情绪的识别几率相当,均显著高于随机率。Tracy 和 Robins 还对儿童的自豪识别进行了考察,结果表明,4 岁左右的儿童已能够识别自豪的非言语表达,识别率高于随机水平。由此可知,自豪情绪存在着独特的非言语表达模式,均能被成年人和儿童可靠地识别和区分。

在以往的研究基础上,Tracy 和 Robins 又进行了自豪识别的跨文化研究,以检验自豪识别是否具有跨文化的普遍性。Tracy 和 Robins 分别要求美国和意大利被试对自豪表达进行识别。结果发现,美国被试与意大利被试之间的自豪识别率没有显著差异,他们对自豪的识别率均高于随机率。Tracy 和 Robins 还选择来自西非偏远村庄的 Burkinabe 人作为被试，这些被试都是文盲。在研究中，Tracy 和 Robins 要求被试对由两个不同性别的亚洲人和两个不同性别的美洲人呈现的自豪、羞愧、高兴等情绪的表达模式进行识别。结果发现，被试对自豪的识别率显著高于随机率；对自豪的识别率没有显著的男女差异；另外，情绪表达模式呈现者的性别，也没有对识别率造成显著影响。这表明，与外界文化高度隔绝、没有读写能力的 Burkinabe 人，同样能够可靠地识别并区分自豪。

Tracy 和 Robins 在研究中发现，自豪的表达不仅限于面部表情（主要是微笑），还包括头部向后微倾、身体向外扩展、上肢举过头部或双手叉腰等几个重要特征。然而，并没有证据表明除微笑外的其他几个特征是自豪的最典型表达方式，也没有证据表明，某一特征是自豪识别的充要条件。为此，Tracy 和 Robins 对自豪的非言语表达方式进行了系统的探讨。结果表明，除微笑外，头部向后微倾、双手叉腰、扩展的身体姿态是自豪最基本的、最常见的表达方式。Tracy 和 Robins 对自然情境中自豪的表达方式进行了跨文化比较研究，对编码结果的分析表明，亚洲、拉美、欧洲、北美的柔道队员在获胜后都相应地表现出头部后倾、胸部扩展、胳膊伸展、握拳等可识别的自豪表达形式。这些证据表明，在人们获得成功后，自豪的非言语表达模式能够自发地展现出来，并且这种自发展现具有跨文化的普遍性。

在不同的文化背景下，自豪的体验、报告、表达和展现等具有一定的文化特征。在中国传统文化中，对情绪情感的展现持否定态度。静水流深，喜怒无形于色，被人们视为个人修养的高深境界。这些观念，无疑会对国人的情感表达和展现蒙上一层本土文化色彩。

（四）自豪、自大与自卑

1. 自豪不是自大

我们常常会混淆自豪、自信与自大。它们虽然是相辅相成的，但是存在着不少差异。

拿破仑是法国人的骄傲，也是法国历史的悲哀。他是与亚历山大、恺撒并列的军事天才，大小征战百余次，大多攻无不破，战无不胜。

自豪使拿破仑不断挑战命运。拿破仑从小就好强善斗，时常揍比他大一岁的哥哥约瑟夫，却先到母亲那里去告状，使约瑟夫再受母亲的一顿训斥。由于拿破仑的好斗勇猛，他父亲在他10岁时将他送到军官学校学习。拿破仑初到军校时，备受歧视，他没有别的办法对待他们，只有与他们打架。他虽身材矮小，势单力薄，却从不屈服，最后打出了同学们对他的敬畏。

1789年法国大革命爆发，拿破仑时任炮兵团少尉。1793年，面对王党分子的疯狂反扑，拿破仑被派往参加围攻土伦的战役。在这当中，他表现出非凡的军事才能与勇气，不断受到上级的提拔。他后来又奉命出征意大利和埃及，多次创造以少胜多的战绩，获得了"常胜将军"的美誉。就这样，拿破仑很快从科西嘉的一个乡巴佬荣升到法国最受欢迎的人。

自豪会使人充满激情，但当自豪变为自大时，众望所归随时都可以变成众矢之的。他战胜他人的次数越多，输给自我的机会就越大。拿破仑的自大使他不满足于登上法国皇帝的宝座，他想让全欧洲服从法兰西的意志。1805年第三次反法同盟成立。拿破仑挥兵多瑙河，大胜联军。拿破仑大肆瓜分欧洲领土。为了进一步征服欧洲，拿破仑于1812年6月御驾亲征，率六十万大军去征讨俄罗斯，他坚信战争会在本年内结束。结果却大大出乎拿破仑的意料，他的六十万大军被俄军瓦解，只率两万七千残兵败将退回巴黎。拿破仑征战俄罗斯大败而归，敲响了他的丧钟。1813年，俄、英、普、奥、瑞典等国组成第六次反法同盟。半年多的交战，拿破仑大军终于走到了尽头。1814年4月6日，在众叛亲离、大势已去的情况下，拿破仑终于签署了退位诏书，被流放到地中海的厄尔巴岛。之后一年，他潜回巴黎，再登皇位，与联军作战。但这不过是英雄末路之举，只留下"滑铁卢"的败绩。

同样是自豪情绪,往往会导致不同的结果:一方面,个体对成功和社会关系的自豪感,促进了将来在成就取向上的积极行为,并有助于以后对亲社会行为的投入,如关爱他人;另一方面,傲慢的、防御性的自豪,更多地与自恋联结在一起,易于产生攻击和敌意,导致人际关系障碍等许多适应不良行为。

拿破仑成在自豪,败在自大。他一生的兴衰告诉人们:过分自豪会导致自大。而自大可使人分不清梦想与现实之间的距离,梦想意志可以战胜一切。拿破仑的自大使他陷入盲目自信的泥潭,过高估计自我重要性及个人能力,贪婪得不知天高地厚。拿破仑是一个被自豪惯坏了的孩子。他不明白成功可以使人变得自信,也可以使人变得自大,而众望所归随时都可以变成众矢之的。所以,对于自己的屡屡得手,拿破仑没有危机意识,有的只是冲击意识。结果他战胜别人的次数越多,输给自我的机会就越大。

2. 自豪的敌人——自卑

本文开头提到,小学时老师总会问到的那个问题:你们长大以后想做什么?若是你由于害怕自卑而放弃了自己内心的想法,背叛了自己的心,你会小心翼翼地说:"我想做一名科学家。"那么,你就有可能从此以后因为自己的梦想而感到自卑,感到不适,害怕自己心中那微不足道的梦想被旁人发现,会自卑于自己的梦想。这虽然只是老师一个小小的问题,但却有可能影响你一生的发展。其实梦想是不分大小的,你该为此感到自豪。

感动中国十大人物评选中,有一个人靠捡垃圾养活资助五位贫困儿童整整二十年,而这五位儿童却对此一无所知。他们还以为资助他们的是一位富有的人。为了养育那些孩子,虽然受到了很多白眼,很多睥睨的眼神,可是他却仍旧坚持着梦想。站在领奖台上,他质朴无华,只是简简单单地说自己的梦想就是想让那些读不起书的孩子们有书读,多学点知识。那一刻,他心中满是自豪,而台下乃至电视机前的我们也对他的行为而自豪而高兴而振奋。

解决策略

我们知道,自豪有许多种分类。可是无论为什么,我们都可以大大方方为之自豪,只要那是值得自豪的。

还记得上文我们提到的三个问题吗?

在与其他班级的拔河比赛中,你和同学在呐喊中坚持着拼尽全力,最终共同赢得了比赛。你有怎样的感受?

你的亲人站在领奖台上,手捧奖杯和鲜花,台下掌声轰鸣。你有怎样的感受?

你经过一年的努力,被老师同学们评为"三好学生",并站在讲台上为同学们介绍自己的学习经验。台下同学看你的眼神里充满着羡慕与崇拜,你有怎样的感受?

我们都会自豪。

策略一:摒弃自大的骄傲

自豪对个体的发展非常重要,一方面,自豪愉悦的主观体验能促进个体社会行为的发展,提高个体的成就动机;另一方面,自豪的外显行为能向他人传递成功的信息,提高其社会地位,并被他人所接受。但是自豪不等于自大。所以我们需要分清楚自豪与自大的区别。

自大使人分不清梦想与现实之间的距离,梦想意志可以战胜一切,可是现实往往不是如此。成功可以使人变得自信,也可以使人变得自大。

自豪和自大虽然都是同一个过程模式,但带给我们的却是截然不同的效果。所以我们要摒弃自大的骄傲,谦虚做人做事。不能形成"唯我独尊"或者"天之骄子"的想法。

骄兵必败,当我们自以为了不起的时候,也许就是失败的开始。我们不能把自己的地位和作用等看得过于重要,夸大自己的价值。过分自豪就会导致自大。

策略二：甩掉自卑的包袱

面对优秀的同学，我们常常自惭形秽。我们对那些优秀同学的羡慕往往转换成了奋斗的精神，也有些时候变成了自卑的情绪。自卑是不可取的。如果过分地低估自己的能力，觉得自己各方面不如人，便很有可能影响我们以后在做这件事时的发挥。自卑，可以说是一种性格上的致命缺陷！

我们常常会因为自卑而产生特殊的情绪体现，诸如害羞、不安、内疚、忧郁、失望等。其实同学们只要细细一想，就算要做的事情没做成又能怎样呢？也不能阻挡我们继续快乐精彩生活着。自卑是个欺软怕硬的人，只要你敢正视它，将它踩在脚下，它便会求饶，便会消失在你的生活里。未来的求职求学生涯中，我们自豪地面对自己的成就、自己付出的努力，成功的机率也会大很多。所以，同学们，让我们甩掉自卑这个欺软怕硬的敌人吧！

策略三：为国家感到自豪

我们可以想着学习一门技术，将来才能为祖国为这个社会做出贡献，奉献出自己的一份力。我们也可以钻研知识认真做好科研项目来为弥补现今中国在技术上不足而贡献一份力。

当祖国贫穷的时候，她的人民就挨饿受冻；当祖国弱小的时候，她的人民就受辱被欺；当祖国富裕的时候，她的人民就快乐幸福；当祖国强大的时候，她的人民就昂首挺胸！历史早就已经证明了这一点。祖国是我们每个人的家园，是我们赖以生存的地方，身为华夏儿女的我们，每一个人都有义务为我们的祖国做一些事情，让祖国为我们这些华夏儿女感到骄傲，感到自豪！

策略四：为集体感到自豪

我们时刻想着集体。无论是运动会还是英语竞赛和数学竞赛，我们都要积极参加，发挥自己的特长。这样，我们不仅在自己熟悉的领域能得到自我实现、证明自己，还能为集体出一份力。

当你们班上的运动健儿在跑道上驰骋，你的掌声为他响起，你的鲜花为他献上。此时此刻,他是全世界的焦点,他奔跑中的每一步脚印都撒下了班级的汗水,他的每一次摆臂都充满整个班级的喜悦。就算受伤流泪失败,一时的输赢不代表终生的成败,我们默默陪着他进入休息区,给予鼓励和安慰,明年的今天势必会重来。如果赢了,那胜利的喜悦属于这个每个人都为之贡献过一份力的集体,班上的同学在第一时间陪着他接受全场的欢呼。

终点线上,班上热心的同学为他递上毛巾,递上水壶,这就是集体的力量,这就是集体荣誉感,这就是自豪的感觉。

策略五:为亲人和自我感到自豪

为了我们身边的人,我们也许不用做许多事情。当他们气馁,我们鼓励他们,告诉他们失败不算什么挫折也不能改变什么;当他们欢呼,我们和他们一同高兴。他们所自豪的事情,会因为我们的开心而更加自豪。

为了自己,我们更是应该自豪的。通过自己的努力和奋斗,在许多日夜以后,我们得到了成就,我们完成了目标,这时候胜利的喜悦,雀跃的掌声,都时时刻刻提醒着我们:现在是收获的时候了。而我们怎么能放弃这机会来自豪呢?我们所自豪的是通过自己的双手努力完成的,你考试得了 100 分,你英语作文全校得奖,或者你只是去敬老院陪老人聊了一下午的天,这一切的一切,都是值得自豪的事情。

自我反思

我们通过神舟九号的例子了解到什么是自豪,通过长城等例子了解了自豪的分类,通过拿破仑的例子知道了自豪不等于自大,也通过本文开头的那一小段话知道了自卑是自豪最大的敌人。在后面的讨论过程中,我们了解到我们该勇敢的自豪,怎样表达自豪,怎样克服自卑,怎样杜绝自大。现在让我们回头看看,我们到底学到了些什么呢？而你，又得到了什么体会呢？一点点的感悟，也可以让一天的天气变得美好，也至少可以让一天的心情变得美妙。那么，就把你心里想到的那些感悟写在下面的便签上吧。

第四节　那些令人难忘的美好——感激

引言

> 生活需要一颗感恩的心来创造，一颗感恩的心需要生活来滋养。
>
> ——王符

现在或是不久的将来，你时常在不经意间发现你身边的人为你做的事：你的母亲，在你辛苦学习感到有些体力不支时默默为你端来一盘切好的水果；你的老师，耐心地为你排忧解难，使你疑惑已久的问题得到答案；你的朋友，在你伤心的时候给你陪伴，在你开心时与你分享，使你感到不孤单；图书馆的管理员，在你面对一排排书架不知所措时，告诉你寻找书籍的方法，等等。他人的善意使你的生活更加美妙，内心充满力量，天空在这一刻变得越发蔚蓝。而你，领悟了感激。希望青少年可以通过这一节的阅读得到成长，学会感激，学会付出。

案例

"我买几个橘子去。你就在此地，不要走动。"

我看那边月台的栅栏外有几个卖东西的等着顾客。走到那边月台，须穿过铁道，须跳下去又爬上来。父亲是一个胖子，走过去自然要费事些。我本来要去的，他不肯，只好让他去。我看见他戴着黑布小帽，穿着黑布大马褂，深青布棉袍，蹒跚地走到铁道边，慢慢探身下去，尚不大难。可是他穿过铁道，要爬上那边月台，就不容易了。他用两手攀着上面，两脚再向上缩；他肥胖的身子向左微倾，显出努力的样子。这时我看见他的背影，我的泪很快地流下来了。我赶紧拭干了泪。怕他看见，也怕别人看见。我再向外看时，他已抱了朱红的橘子往回走了。过铁道时，他先将橘子散放在地上，自己慢慢爬下，再抱起橘子走。到这边时，我赶紧去搀他。

他和我走到车上，将橘子一股脑儿放在我的皮大衣上。于是扑扑衣上的泥土，心里很轻松似的。过一会说："我走了，到那边来信！"我望着他走出去。他走了几步，回过头看见我，说："进去吧，里边没人。"等他的背影混入来来往往的人里，再找不着了，我便进来坐下，我的眼泪又来了。（摘自《背影》——朱自清）

◎想一想◎

(1)朱自清的父亲为他做了什么？朱自清为什么会哭？

(2)父母曾做出什么让你感动的事情呢？（比如送伞）

 问题探析

每个父亲，都有一具伟岸的身躯，都有一个坚定的眼神，一张严肃的脸庞，一颗爱你的心。每个父亲都是由我们这个年龄长大的。

同学们知道吗？因为我们的出生，曾经和我们一样风流倜傥的少年去掉了身上玩世不恭的部分，变成了如今世界上最成熟、最坚强的人。我想同学们也会有此类想哭的冲动，这不是丢人，这不是懦弱，这是对为你付出的人报恩的冲动，是真真切切、实实在在的感激。

而你为什么会感激呢？这样一种莫可名状的情绪，从何而来呢？又是谁让你感激涕零？

父母和老师自然是多半同学能想到的感激对象，因为他们为你付出了太多太多，他们默默地做着这些，已经是习惯已久的事情了，已经成了分内之事，对此同学们也会觉得理所当然了。比如，当你每日回到家时，桌上就理应有香喷喷刚出锅的饭菜，若是没有便会不高兴了。你提起筷子就开始吃饭，这好像也是极为平常的做法了，并没有想过父母盛饭，摆好筷子之类的事情，因为这些都已经成了习惯。

同学和朋友也是感激的对象，对于他们而言，或许算不得是个麻烦，便能帮助了你，你会很开心，当然他们也会很开心。你上学路上崴了脚，眼看学校还很远，可是有个同学路过，便扶着你一步一步慢慢地走向了学校。你会想到："这个朋友交定了！"因为感激，产生了友谊，你会对他备加信任，他若是有什么麻烦，你一定会顶他到底。

陌生人、过路人，举手之劳便能让你这一天阳光明媚，甚至在未来的日子里想到还会心里暖洋洋的。

深入阅读

(一)感激,自然而然

感激是因为别人的好意或帮助而对他有好感或者对于施恩者怀有热烈友好的感情,促使人去报答恩情。(摘自《现代汉语词典》)

感激是一种特殊的情绪。感激是经过思考而非原发的,是公众性而非个人的,有可控性而非不可控性。所以,会有这样的情况,一个人在应该感激的时候,因为沉浸在自我的另一种情绪——比如说你在获得了篮球比赛第一名时兴奋得只想欢呼,而忘了感激。当意识到这点的时候才会又补上感激。如果感激是一种情绪,就如同感动而流泪一样,自然而然产生,就不会有人们忘了感激这种情况发生。感动就是那样自然而然产生的,从没听说过谁忘了感动当意识到这个问题时又补上感动的。

萧煌奇是一位音乐人,与其他音乐人所不同的是,他是一位盲人。他因为先天性白内障而全盲,4岁动了眼部手术后成为弱视,虽然无法看得太远,天性乐观的他学柔道,又热爱音乐,眼中的世界无比开阔。15岁那年,上天又跟他开了一个大玩笑——因用眼过度而永远失去视力。可是,却有个"你"一直不离不弃地陪在他身边。萧煌奇因此写下一首歌《你是我的眼》:

你是我的眼　带我领略四季的变换

你是我的眼　带我穿越拥挤的人潮

你是我的眼　带我阅读浩瀚的书海

因为你是我的眼　让我看见　这世界就在我眼前

做音乐的人,或许都是天性乐观的、浪漫的。在遭受了巨大的打击之后,或许会暴躁,或许会因此消沉,可却偏偏有个人,带他看到了或许我们永远都看不到的世界,就算在这个世界里,上帝忘了掀开他眼前的帘。他领悟了感激,融化在了音乐中,写出了这首脍炙人口的歌:《你是我的眼》。

(二)我们为什么会感激?

"一位盲人曾在自己的乞讨牌上写着:虽然我看不到姹紫嫣红的满园春色,可是我却很高兴能闻到它们芬芳。而我们呢,莫说相比那些早已逝世的人,就算相比这位盲人,也是幸运许多,至少我们还能看到他所看不到的美丽景色,那么我们是否比他们更懂得感激呢。"(摘自《雨果文集》——雨果)

我们的感激最直接的对象便是大自然,赐予了支持我们生活的一切,包括阳光、空气、水、食物。其次是我们的祖先,为我们创造了无数的文化瑰宝。不仅如此,对养育我们的父母,陪伴我们的朋友、同学,互相支持的同事和教导我们的老师都充满感激的心情。我们的生命、财富、健康,每天吸取的空气水源,每天沐浴的阳光不都是值得感激的吗?

(三)感激,让生活更美好

1. 充满感激会变得善良

我们的一生,所遇到的人数,加起来不过几万,包括你所认识的,你所遇到的,甚至你匆匆一瞥的人。然而这星球天天有六十亿人在错过,我们很幸运能与身边的人形成交集,哪怕只有一秒钟。

有一个高僧,终日在庙里念经,参悟佛法。一日深夜,一个贼去偷东西,不巧被老和尚发现了。于是他强起杀意,正欲下手时,听到高僧说:"孩子,你听我说句话,再动手不迟。反正我也老了,跑不掉的。大半夜的在山里,也没人能听到我们。"

贼便放下了刀,对高僧说到:"你说吧。"

高僧便说:"孩子,你若需要钱,壁橱上的铁盒子里有,都是好心人来寺里捐的香火。你若是需要衣服御寒,我的衣橱里倒是有几件。

你要是饿了，我可以给你做点东西吃。不过，你要是杀了我，你会有很多事情需要担心。你会感到愧疚，你会为了躲避警察满世界逃亡。这不值得。"

贼说："你已经看到我的脸了，你非死不可。"

高僧说："好的。不如我给你煮点吃的吧。"说着高僧便走向厨房。贼害怕高僧呼救，急忙大喊"不准！"高僧无动于衷，贼就抄起小刀欲刺，快到刺到的时候他放弃了，丢掉了自己的那把刀。

高僧转过头微笑到："孩子，你想吃点什么？"

贼不再说话，拿起钱就遁入黑夜中了。

过了几天，贼又来了，他看到高僧正在打坐，而桌上摆着一碗热气腾腾的面。贼便好奇起来了，高僧怎么会知道我今天要来这里？于是他再一次拿了壁橱上的钱遁入黑夜中。

第二天他又来到了庙里，发现和昨天几乎一样的情景。他一时心软，便没有拿走钱，直接溜走了。

第三天，第四天……整整一周他每天晚上都过来，每天都可以看到一模一样的情景。最后一天，贼哭着跪在了高僧面前，并发誓从此不再做贼，努力奋斗下去。

高僧见状，笑了笑："我只不过煮了十天的面，就能唤回一个人的一生，值得。"

此后这个小偷通过自身努力，慢慢地走向了成功。据说，他有个习惯，那就是每周都要吃一碗清水面。

想必这个贼此生最丰盛最难忘的一顿饭，便是这高僧为他煮的这碗面吧。不论他今后飞黄腾达，还是只过着简单知足的生活，我想他这一生都不会遗憾，都会充满感激，都会乐于助人，因为有一个素不相识的人曾经为他煮了十天的面。

2. 充满感激会获得良好人际关系

古人云："滴水之恩，当涌泉相报。"怀着感激做人，会拥有一个高品质良性的人际关系。善有善报,恶有恶报。一个善人的善行,会传染给他人,如果对他人的付出和帮助充满了感激,滴水之恩涌泉相报,那也就成就了良好的人际关系。

生活中,人与人的关系是最微妙不过的了,对于别人的好意或帮助,如果你感受不到,或者冷漠处之,因此生出种种怨恨来则是可能的。经常想一想吧:你在学习中觉得轻松了,说不定有人在为你负重;你在享受生活赐予的甜蜜时,说不定有人在为你付出辛劳;你在兴奋欢呼时,说不定有人在忍受痛苦辛酸……生活在大群体里的你我,总会有人为你担心,替你着想。享受着感情雨露的人们不要做"马大哈",常存一份感激之心,就会使人际关系更加和谐。情感的纽带因为有了感激,才会更加坚韧;友谊之树必须靠感激来滋养,才会枝繁叶茂。

王老师在自己就职的学校里很有人缘,威信颇高,有人问他原因时,王老师讲:"古人说,'滴水之恩当以涌泉相报',我虽做不到这一点,但我始终坚持'投之以桃,报之以李',时时处处想着别人,感激别人。"王老师道出了为人的真谛。因为有了感激,你才会成为一个好同事、好朋友、好家人。

马克思在创立政治经济学时,正是他在经济上最贫困的时候,恩格斯经常慷慨解囊帮助他摆脱经济上的困境。对此,马克思十分感激。当《资本论》出版后,马克思写了一封信给恩格斯表示他的谢意:"这件事之所以成为可能,我只有归功于你! 没有你对我的牺牲精神,我绝对不能完成那三卷的巨著。"两人友好相处,患难与共长达40年之久。列宁曾盛赞这两位革命导师的友谊"超过了一切古老的传说中最动人的友谊故事"。帮助别人不一定是物质上的帮助,简单的举手之劳或关怀的话语,就能让别人产生久久的激动。如果你能做到帮助曾经伤害过自己的人,不但能显示出你的博大胸怀,而且还有助于"化敌为友",为自己营造一个更为宽松的人际环境。如果你视帮助者为真正的朋友的话，你的交际环境、人际关系都会变得越发良性，并会走向高品质。

3. 充满感激会增加群体和谐度

对个人而言，常怀感激会创造高品质人际关系，而对一个社会而言，当感激传播开来，就会造就群体的和谐。

感激是一份美好情感，是一种健康心态，是一种和谐精神，是一种良知和动力。人生在世，不如意之事十有八九，如果我们困于这种不如意之中，终日惴惴不安、患得患失，生活就会索然无味。拥有一颗感激的心，善于发现事物的美好，感受亲切的关怀，体会平凡的美丽，我们就会以坦荡的心境、开阔的胸怀来直面工作生活中的酸甜苦辣。为此，原本平淡的生活必定焕发出耀眼的光彩，整个社会就会随之和谐而安定。

社会学家认为，忘恩是人的天性，它像随处生长的杂草；而感恩则犹如玫瑰，需要用良知去栽培与滋润。据此，便足见感恩意识离不开感恩教育。的确，岁月悠悠，无论是一个人，还是一个民族，谁个不曾施恩，哪个不曾受恩？"施恩勿念，受恩勿忘"，永远是我们理当服膺的处世情怀。现在我们国家富裕了，个人受到天灾人祸，会因及时得到救济帮助而减轻痛苦，例：我国政府对历次台风、洪水灾害中受害家庭及时给予救济帮助，其子女免除学杂费；房屋倒塌的灾民，政府帮助他们盖新房，当他们搬进新家时，敲锣打鼓，放鞭炮，对党和政府感激之情溢于言表。因此，工业化、信息化社会，人的社会道德观念也逐渐发生变化："感激社会、回报社会、反馈社会"是现今先进的社会道德风尚。许多爱国华侨富豪能够慷慨解囊资助祖国公益事业，就是基于以上思想。

由此可见，只有人人常怀感激之情，才能保持社会的稳定和谐，而保持稳定的社会和谐，个人的生活才会幸福快乐。所以我们不论是为了"大我"的和谐还是为了"小我"的幸福，都应该随时保持着感激的心。

◎想一想◎

你对社会和谐和个人幸福的关系是怎样理解的？你又会怎样运用感激来处理人际关系？

(四)亲爱的人,我们用什么来感激你

1. 感恩节

众所周知,有一个为感激而生的节日——感恩节(Thanksgiving Day)。感恩节由美国人民独创,在埃及加拿大等地区也有感恩节的流行。感恩节的原意是为了感谢上天赐予的好收成。

在美国,自1941年起,感恩节是在每年11月的第四个星期四,并从这一天起将休假两天;像中国的春节一样,在这一天,成千上万的人们不管多忙,都要和自己的家人团聚。感恩节是美国人民独创的一个古老节日,也是美国人合家欢聚的节日,因此美国人提起感恩节总是备感亲切。感恩节是美国国定假日中最地道、最美国式的节日。它和早期美国历史最为密切相关。

感恩节的由来要一直追溯到美国历史的发端。1620年,著名的"五月花"号船满载不堪忍受英国国内宗教迫害的清教徒102人到达美洲。1620年和1621年之交的冬天,他们遇到了难以想象的困难,处在饥寒交迫之中,冬天过去时,活下来的移民只有50多人。这时,心地善良的印第安人给移民送来了生活必需品,还特地派人教他们怎样狩猎、捕鱼和种植玉米、南瓜。在印第安人的帮助下,移民们终于获得了丰收,在欢庆丰收的日子,按照宗教传统习俗,移民规定了感谢上帝的日子,并决定为感谢印第安人的真诚帮助,邀请他们一同庆祝节日。

感恩节的食品富有传统特色。火鸡是感恩节的传统主菜,通常是把火鸡肚子里塞上各种调料和拌好的食品,然后整只烤出,由男主人用刀切成薄片分给大家。此外,感恩节的传统食品还有甜山芋、玉蜀黍、南瓜饼、红莓苔子果酱等。

每逢感恩节这一天，美国举国上下热闹非凡，人们按照习俗前往教堂做感恩祈祷，城乡市镇到处举行化装游行、戏剧表演和体育比赛等，学校和商店也都按规定放假休息。孩子们还模仿当年印第安人的模样穿上离奇古怪的服装，画上脸谱或戴上面具到街上唱歌、吹喇叭。散居在他乡外地的家人也会回家过节，一家人团团围坐在一起，大嚼美味火鸡。同时，好客的美国人也忘不掉这一天邀请好友、单身汉或远离家乡的人共度佳节。从 18 世纪起，美国就开始出现一种给贫穷人家送一篮子食物的风俗。当时有一群年轻妇女想在一年中选一天专门做善事，认为选定感恩节是最恰当不过的。所以感恩节一到，她们就装上满满一篮食物亲自送到穷人家。这件事远近传闻，不久就有许多人学着她们的样子做起来。每年一度的总统放生火鸡仪式始于 1947 年杜鲁门总统当政时期，但实际上这个传统仪式可以追溯到美国内战林肯总统当政的时期。1863 年的一天，林肯的儿子泰德突然闯入内阁会议，请求赦免一只名叫杰克的宠物火鸡，因为这只被送进白宫的火鸡，即将成为人们的圣诞节大餐。

感恩节不仅是家人欢聚、享受丰盛的大餐，还有许多有意思的游戏。第一次感恩节，人们进行了跳舞、比赛等许多娱乐活动，其中有些一直流传至今。比如有种游戏叫蔓越橘竞赛，是把一个装有蔓越橘的大碗放在地上，4～10 名竞赛者围坐在周围，每人发给针线一份。比赛一开始，他们先穿针线，然后把蔓越橘一个个串起来，3 分钟一到，谁串得最长，谁就得奖。至于穿得最慢的人，大家还开玩笑地发给他一个最差奖。

多少年来，庆祝感恩节的习俗代代相传，无论在岩石嶙峋的西海岸还是在风光旖旎的夏威夷，人们几乎在以同样的方式欢度感恩节。感恩节是不论何种信仰、何种民族的美国人都庆祝的传统节日。

2. 其他感激方式

上文说到感激是一种可以传染的东西。你充满感激地面对这世界，这个世界便会回馈给你意想不到的快乐。我们对我们要感谢的人要保持一颗真正感激的心,这样才不会显得虚假,才不会显得矫情。我们也不能突兀地表达我们的感激,那样往往会适得其反。

最直截了当的方式便是将你所获得的恩惠以同样的方式回馈给他们,比如回馈社会。

世界巨富、微软公司总裁比尔·盖茨公开宣布他的遗嘱,要将他98%的财产捐献给"盖茨基金",以此来贡献给社会。2001年2月,美国120名富豪联名在《纽约时报》上呼吁政府不要取消遗产税,他们宁可将遗产捐献给社会公益和教育事业,也不留给子孙后代,不希望自己的子孙不劳而获,成为无所作为的"富贵垃圾"。这种大公无私,高瞻远瞩的感激社会的观念,是和谐社会的道德风尚,也是一种回馈社会的方式。

父母含辛茹苦地养育了我们许多年,到我们成年成家,依依不舍地离开父母的怀抱,我们想到为我们任劳任怨的父母时,都会说那样一句话:"等我长大了,我就要给爸妈买别墅住,让他们出去旅游,好好养老,不要再那么辛苦地照顾我!"

最常见的感激方式,便是回馈,就是父母给我们什么,我们就要还给父母什么,就像滴水之恩涌泉相报。然而,这最普通的方式,也是最真诚的,无论回报的数目是多少,只要有这份心就足够了。就算现在只是"想一想",等到你有足够的实力了,就可以自己动手做一做了。不管你做了什么,父母都会因此感到欣慰的。

在韩国,小学生的胸前都时常挂着一个"孝行牌",牌的正面有父母像,背面有孝敬父母的种种格言与规定,大多数学校都要求学生每天对照"孝行牌"默想自己做得怎么样,每日三省吾身,从小开始就做一个孝敬家长的人。

从小到大,许许多多的老师为了我们熬夜改作业,辛勤认真地备课。老师们对我们倾注的感情,消耗的人生,年复一年日复一日地重复着的教授,都是值得我们深深感激的。早在公元前11世纪的西周时期,就已经提出"弟子事师,敬同于父"。老师,是人类文化得以传承的功臣，他们的贡献是巨大的。

每年的九月十日，是教师节。这个节日，是全国人民对教师辛苦工作的认可与肯定。黑板和讲台几乎组成了一个老师几十年来的全部。黑板上总是显出几道淡淡的白色粉笔痕迹，仿佛刚刚擦完黑板，老师马上就要开始讲授新的一课；而办公桌上也总是摆着一瓶润喉片，由此看出作为一个老师的辛劳。

教师节这一天，我们可以在老师的办公桌上放一束鲜花，献给他们；可以将一些润嗓子的小药瓶备几瓶放在讲桌上；可以将那充满粉尘的脏兮兮的黑板擦洗干净；可以将讲台上那早已残破的有点不稳的椅子换成全新的椅子，等等。在这个辛勤工作者的节日里，我们可以做的事情有很多。只要有一颗感激的心，老师看到同学们的所作所为会欣慰，会高兴，会觉得自己的付出值得。

还有一种感恩的方式，便是缅怀与回忆。在纪念中，体会感激。

在第二次世界大战期间，德国有一位投机商人名叫奥斯卡·辛德勒。他在"二战"初期是个国社党党员。他泼洒金钱，是当地有名的纳粹分子中的坚定分子。他很善于利用与冲锋队头目的关系攫取最大资本。在被占领的波兰，犹太人是最便宜的劳工，因此精明的想要发战争财的辛德勒在他新创办的搪瓷厂只雇用纽伦堡种族法中规定的牺牲者——犹太人。这些人得到搪瓷厂的一份工作，也就因此得到暂时的安全，没有受到杀人机器的肆虐，辛德勒的搪瓷工厂成了犹太人的避难所。在他那儿工作的人都受到从事重要战争产品工作的保护：搪瓷厂给前线部队供应餐具和子弹。

好景不长，1943 年，克拉科夫犹太人居住区遭受到残酷血洗，使辛德勒对纳粹的最后一点幻想破灭了。他早就知道德国人建造的火葬场及煤气室，也早就听说浴室和蒸气室的喷头上流出的不是水，而是毒气。从那时起，辛德勒只有一个想法：尽可能更多地保护犹太人免受奥斯维辛的死亡。他制订了一份声称他的工厂正常运转所"必需"的工人名单，通过贿赂纳粹官员，使这批犹太人得以幸存下来。

他越来越受到违反种族法的怀疑,但他每次都很机智地躲过了纳粹的迫害。可是他仍一如既往地不惜生命危险营救犹太人。有一次,运输他的女工的一列火车错开到别处时,他破费了一大笔财产把这些女工又追回了他的工厂。此时此刻的他几乎濒临破产。不久,苏联红军终于来到了克拉科夫市,向在辛德勒工厂里干活幸存的犹太人宣布:战争结束了。下大雪的一天晚上,辛德勒向工人们告别,获救的1 100多名犹太人为他送行,他们把一份自动发起签名的证词交给了他,以证明他并非战犯。同时,其中一人敲掉自己的金牙,他人把它打制成一枚金戒指,赠送给辛德勒。戒指上镌刻着一句犹太人的名言:"Save one life, save the world entire.(当你挽救了一条生命就等于挽救了整个世界。)"辛德勒忍不住流下眼泪。他为自己还有汽车和一颗金质胸章而懊悔,如果将这一颗胸章卖掉的话至少可以多救出一两个人,而这样的一辆汽车卖掉的话至少可以多救出10个人。辛德勒为他的救赎行动已竭尽自己一切所能。他在战争期间积攒的全部钱财,都用来挽救犹太人的生命。

战后,身无分文的辛德勒在瑞士的一个小镇隐居下来,靠他曾经救助过的犹太人的救济生活。过了几年,辛德勒在贫困中死去。按照犹太人的传统,辛德勒被作为"36名正义者"之一安葬在耶路撒冷。(摘自电影《辛德勒的名单》简介)

而这故事,也被真实地反映在了电影《辛德勒的名单》上。影片结尾的镜头停留在辛德勒的坟墓上,而那些在战前曾经获得辛德勒救助,几十年后已步入暮年的犹太人,以及他们在片中对应的演员一起走过坟墓,都在辛德勒的墓碑上放一个代表"感恩永远不变"的石块作为敬礼。并且每年,都有许多许多幸存的犹太人及其后代来祭奠他的亡灵。

他们感激辛德勒对犹太种族做出的贡献,感激辛德勒为了一条条生命所付出的一切牺牲。他们用纪念的方式来对辛德勒先生永存感激,而这感激也将用存在犹太人的心中。

◎想一想◎

(1)若有朝一日，你飞黄腾达，积累了足够的财富，那你会以怎样的方式回报社会，回报父母，表达你的感激？

(2)同犹太人相似，我们现如今的生活来之不易，有许多革命者为了我们的今天而付出了甚至生命的代价，你又想用什么方式来感谢他所做的一切？

解决策略

我们常常会认为有些人为我们所做的一切都是理所当然，因为我们已经习惯他们对我们的好，对我们的爱与呵护，甚至在他们没有做到我们所期望的那样时，我们会抱怨他们不够用心，不够在乎你。是的，这样的情绪我们时常会有。我们有时候也会经常回想起对我们好的人，会心存感激，会想回报他们。那我们就用我们全部的爱来感激他们吧。

策略一：体会那些难忘的美好——感激

假如有一天，作为课代表的你抱着同学们交的作业，送往老师的办公室，不幸的是掉了两本在地上，此时路过一个同学，帮你捡起来了。

"谢谢。"

"不客气。"

这对话每天都要发生无数遍，但只有此刻你才能体会到这真实的含义。当你需要帮助，陌生人伸出援手，你应该学着体会感激。

假如有一天，你不巧看到了妈妈头上的白发，会感触，会想到那些早已成为习惯的事情并不是那么理所当然，而是爱，而是付出。此时此刻，你也会想为父母付出些什么，你会因为亲人的长久付出而感动，想要报恩。这时候的你，体会到了感激。

所以感激是最细腻的、最容易体会到的情感，就像沿途的风景，若是不注意,便不会发现。可是若用心来感悟和体会,便能发现生活中处处充满了感激。

当你满怀感激之情时,就会发现身边的人是多么可爱。他们在你困境中给予关怀和帮助,在你开心时与你支持和分享,无论是"雪中送炭"还是"锦上添花",你都会觉得幸福开心。

策略二:学会感激

1.铭记

仍然是在"二战"期间,上海市民曾冒着生命危险保护了一千多名犹太难民免遭法西斯杀害。为了教育一代又一代的以色列人不忘中国人民的帮助,以色列政府把这个历史事实写进了他们的中小学公民教育读本,告诫所有的孩子们要牢记中国人民所做的一切。以色列人所做的就是铭记,铭记中国对他的恩惠,铭记"二战"时期中国的"雪中送炭"。

2.礼物

感激的心总促使你想回报,那么就准备点小礼物吧。礼物不可以太贵重,也不需要太华丽。但一定是要你用心认真准备的,是你从辛苦为你付出的人(爸爸妈妈)身上所发掘的,他们或许因为少了这件物品少了许多方便,等等。比如一盒指甲刀,一方手绢,一顶帽子,一个围裙,都可以让你感激的心被为你付出的人(爸爸妈妈)看得真真切切。

3.关怀

当爸爸妈妈为你辛苦地做了许多事情之后,你轻轻地说一句:"辛苦了。"就可以让他们感动很久很久。当他们疲倦地坐在沙发上或者躺在床上的时候,你慢慢走过去,轻轻地帮他们放松身体,捶捶肩膀揉揉背,他们就很欣慰。晴朗的下午,和他们聊聊天,帮他们泡一杯茶,这也就足够了。关怀是心灵的运动,他们会很开心的。

世界上任何一句话都比不过"我爱你"。这句话,总是代表了许多我们想说却因为害羞而不敢说的话。这句"我爱你"永远不会过时，当你突然感动，突然很想为曾经帮助过你的家人做点什么，就对他们说一声"我爱你"吧。

4.分担

随着我们的成长，父母也在渐渐地苍老，一些体力活他们干不了了，作为一个男孩子就勇敢地扛起重任吧。而当母亲在缝缝补补时，作为一个女孩子也可以去帮忙穿针引线，在针线穿梭的过程中，也有亲情在穿梭着。

吃完饭，同学们也有许多事情可以做，比如擦桌子、洗碗等等。这些琐碎的事都是你表达感激的方法，都是在为父母分担压力。

5.祝福

想到那些曾经帮助过你的路人，心存感激，便为他们送上祝福吧。点上一盏孔明灯，或者为他们点一颗蜡烛，或者只是仅仅在心中默念他们的好。

策略三：让感激"传染"到世界每个角落

当你遇到麻烦，你肯定希望这时有个好心人来伸出援手帮你一把。同样，当你看到别人需要帮助时，你就会想起当时你或许也是这样的心情，你会同样地做出举手之劳。在帮助与被帮助之间，充满感激，像奥运火炬一样，感激被传递了下去，那种贴切的感激会在你遇到困难需要帮助的时候深深体会，而你帮助别人的时候，也是怀着一颗感激的心。善良的心总是能引起人的共鸣，感激的传染可是比感冒还要快的！

常怀感激，不仅能使善良的心连在一起，还可以让眼前的挫折释怀。

自我反思

我们从朱自清父亲的背影开始,谈到了感激,接着我们了解到要感激大自然,感激父母,甚至只是感激一个施予援手的陌生人。我们也了解到了感激有许多种方式,那么在我们的日常生活中,是不是已经习惯了别人的很多善行了呢? 面对别人的付出我们是不是已经麻木了呢? 是不是还有更多能为别人做的呢? 感激是一种可以传染的情绪,所以现在让我们静下心来,回忆一下到目前为止我们到底学到了什么,有什么感悟。把你的心得体会和内心想法写在下面的横线上。

_____

_____

第五节　寻找心灵的绿地——宁静

引言

宁静是生命的皇冠。

在平时的学习和生活中,我们经常会听到这样的话:"我很烦""我的心情很糟糕""我不淡定了"……

消极情绪是我们深恶痛绝的,积极情绪是人人向往的。 我们都希望自己能够拥有宁静的心灵。 然而,往往事与愿违,"郁闷""烦死了"这些状态却又如影随形地跟着我们,不肯离去。

那么,究竟该如何克服消极情绪,拥抱积极情绪,进而获得心灵的宁静呢？ 带着这些问题，让我们一起来开启一段轻松的旅程吧！

案例

宁静的真谛

从前有个国王，悬赏能画出最好的宁静的画的画家。很多画家都试过了。国王看了所有的作品，但他真正喜欢的只有两幅。一幅画中是一片宁静的湖泊，四周群山环绕，而湖泊就是一面完美的镜子，蓝色的天空中白云飘飘。每个看到这幅画的人都认为这真是一幅表现宁静的完美作品。

另一幅画也有山脉，但却崎岖不平，而且光秃秃的。上面是乌云密布的天空，而且狂风骤雨、闪电雷鸣，一条白色的瀑布从山的一侧倾泻下来。这看起来一点都不宁静。

然而当国王仔细地看了看，他看到在岩石的裂隙中长着一颗小小的灌木。在汹涌的水流中间，鸟妈妈安坐在她的巢穴中——如此和谐。

你认为哪幅画能得到国王的赞赏呢？国王选择了第二幅。你知道为什么吗？

国王说:"这是因为,宁静并不是指在这个地方没有噪音,没有烦扰,没有艰难的劳动。宁静意味着所有这些因素都存在于你的周围,而你的心中依然能保持安宁。这才是宁静的真谛。"

◎想一想◎

(1)你觉得哪幅画更好地描绘出了"宁静"?

(2)国王最后说的那句话是什么涵义?

青少年:如果让你来描绘一幅有关"宁静"的场景,你会怎么来描绘? 在你的心中,你觉得什么才是宁静?

家长:作为家长,你所理解的宁静是一种什么样的状态? 你自己在平时的工作和生活中,是如何协调各种事务之间的关系以使自己的心灵得到平静的? 如果你的孩子内心经常波动,很难达到心灵的宁静,作为父母你又是如何帮助他(她)的?

问题探析

国王最后的那句话道出了宁静的真谛,无论外界多么静美的"情景"都比不上心中宁静的"情境"。在这"景"与"境"一字的差异中反映的却是心内与身外的宁静之间的不同。其实只要真正地拥有了心中的安宁,无论处在什么情景之中,都能体会到宁静的真谛。

现代社会生活节奏快,竞争激烈,人们在劳碌奔波的人生旅途中,或为追名逐利,热衷于觥筹交错的喧哗中;或为消闲自在,沉湎于歌舞升平寻欢作乐中;心灵的空间常被挤得满满当当,很难再有宁静的空隙。因此,"好累,好烦"已成为人们时常挂在嘴边的口头禅! 成长于这个时代的青少年,也会潜移默化地受到影响,滋生浮躁,很难获得心灵的宁静。

寻到人生的幸福,回归心灵的宁静已成了时代的迫切呼唤。

从上面的案例中我们已经对宁静有了一定的感悟。其实宁静就在我们自己的心中,我们只须去把它找到。心灵的宁静,是一种超然的境界! 世界始终都处于永不停息的变动之中,无论身边的世界如何变化，能在变幻莫测的环境中保持心灵的宁静才是一种真正的宁静。

◎做一做◎

好了，说了这么多，你肯定有一些自己的想法迫不及待地想要表达出来了吧。下面就请你来亲自画一幅以宁静为主题的画，用绘画的方式表达出你对宁静的理解吧！

深入阅读

（一）宁静，内心的境界

首先，让我们先来看一个例子：

小英是一个非常文静的女孩，在大家眼中，上课时她总是坐在那里很认真地听课，下课后也从来不大吵大闹，仍然喜欢很安静地坐在那里，要么做作业，要么看会儿其他的课外书，或者是听会儿音乐……

想一想：小英所处的状态是一种宁静的状态吗？

通过查阅词典，我们可以得知，"宁静"一词是指重在平和，一般多指环境或心情平和安静,是人们追求的不受外界干扰的有质量的生活境界。它描述的是一种很安静的状态或气氛,但是,宁静和安静又是不一样的。上面的小英处于一种安静的状态,"宁静"是高于"安静"的一种情境,除了指外在之外,更多的时候是指一种内心的安宁。

洪应明在《菜根谭》中所说的"宠辱不惊,闲看庭前花开花落;去留无意,漫随天外云卷云舒"就是一种心灵的宁静。是不是觉得这句话稍微有点儿晦涩?下面让我们再来看两个具体的例子以便对这句话有更直观的理解。

老师今天公布了期中考试的成绩,小吴拿到试卷一看,自己退步了十个名次,但是他并没有很沮丧,而是让自己静下心来分析自己这次退步的原因,并试图寻找对策,以期从这次考试中吸取教训,并为下一次的进步做准备。

在一次篮球比赛的初赛中,A队由于自己队员们的努力,远远超过了B队,但是A队队员并没有因为自己取得了好成绩就沾沾自喜、忘乎所以了,而是非常淡然,一如既往地努力。

小吴并没有因为自己的退步而沮丧不前,A队的队员也并没有因为自己取得了骄人成绩而沾沾自喜,停滞不前。他们做到了"宠辱不惊",没有因为外在一时的失败或胜利而扰乱自己的内心。这就是内心宁静的一种表现。

(二)宁静时,我们会体验到什么?

什么时候我们更容易有宁静的体验呢?处于宁静状态时,我们会有什么感受呢?

想象一下:今天上午上课时,我们在认真地听老师在讲台上讲课,一缕缕阳光透过窗户洒向教室,窗外还有鸟儿悦耳的鸣声在为我们伴奏,花儿格外鲜艳,绿树也生机勃勃……

你是什么感觉?

对,就是这样一种轻松、舒适、和谐之感!

宁静的感觉在生活中随处可见。它是当你叹出那长长的、舒爽的一口气时，感到目前的状况是如此舒服和顺畅；它是当你经过辛苦而有意义的一天后，躺在花园里被林荫遮蔽的吊床上小憩的感觉；它是在一个明媚的早晨，随着大海的声音撞击脑海、凉爽的微风轻触肌肤，你在沙滩上散步的感觉；它是当你捧着一本好书蜷缩在沙发上，腿上趴着一只温暖的猫咪，身边放着一杯你最爱的清茶时的感觉；它是瑜伽练习中的放松体式那样，沉入蒲垫之中的感觉……

宁静让你想要坐下来、沉浸到里面。这是一种聚精会神的状态，带着这样的一种冲动，去品味当前的感觉，并设法将它更彻底、更频繁地融入你的生活。

宁静时，就好像沉浸在一座美丽、静止、温暖的池子里，池里有创意、爱和喜悦。让自己处在宁静的状态里，答案和想法会很容易出现在你心中，因为你愿意接受各种可能性。

◎做一做◎

想象自己处在上面的场景中，会怎么样，有什么感觉？记录下你的感觉。

 案例

胜败之差

（一）

麦特·毕昂迪是美国知名的游泳选手，1988年代表美国参加奥运会，被大家认为是极有希望夺取七项金牌的优秀选手。但毕昂迪在第一项200米自由式游泳中竟落居第三，在第二项100米蝶泳中原本领先，到最后一米硬是被第二名超了过去。

很多人都担心接连两次失金会影响毕昂迪后续的表现。然而，出人意料的是，他在随后的五项比赛中竟接连夺冠。

通过毕昂迪的案例，我们可以做出这样的推论：在关键时刻，能够拥有一颗宁静的心灵，不为外物所干扰，更容易转败为胜。

（二）

小明是一个初二的学生，从开始上学起，就一直是班上的佼佼者，学习对他来说是件很轻松的事，他也深得老师和家长的喜爱。但是，正是这种集万千宠爱于一身的感觉，滋生了小明的浮躁心理。

一次检测考试结束后，班主任老师兴致勃勃地给学生发奖，6名成绩优秀的学生（当然也包括小明）在阵阵掌声中陆续走上讲台，手捧"三好学生"大红奖状和奖品。台下50多双美慕的眼光，更增添了他们的光彩和豪气。在此，班主任老师大力表扬了这6名学生的优点和骄人的成绩，号召大家向他们学习，争当优秀学生，整整一堂课就在激励与赞美声中度过了。谁知班主任老师回到办公室不久，就有学生来报告，由于一名同学说了声"奖品才一本笔记本啊"，小明竟当着同学的面赌气将笔记本撕了。

◎想一想◎

（1）麦特·毕昂迪为什么能在随后的五项比赛中接连夺冠？

（2）小明出现这种行为的深层原因是什么？

青少年：如果你是麦特·毕昂迪，接连两次失金后，你还能保持一颗宁静的心吗？在平时的考试中，如果你接连几次都没有达到理想的成绩，你会怎么办？是自暴自弃还是坐下来心情平静地分析原因,寻找对策? 你认可小明的做法吗?

家长:当孩子考试成绩好时,你是怎样对待他(她)的? 他(她)有没有出现过类似小明的行为? 如何引导孩子形成良好的情绪,享受心灵宁静带来的愉悦?

问题探析

对于毕昂迪的表现,宾州大学心理学教授马丁·沙里曼并不感到意外,因为他在同一年的早些时候,曾为毕昂迪做过乐观影响的实验。实验方式是在一次游泳表演后,毕昂迪表现得很不错,但教练故意告诉他得分很差,让毕昂迪稍作休息再试一次,结果更加出色。参与同一实验的其他队友却因此影响成绩。其实,毕昂迪的天赋并不一定比人强多少,他之所以能够在比赛中屡屡获胜,就是因为他有一颗非常淡定的心,有着非常良好的心态。即使自己在前面的比赛中失败了,也不会影响到他后面的发挥。这就是毕昂迪的过人之处。

由此,我们也就很容易理解人与人之间的差距所在了。我们大多数人在智商上并没有多大的差异,但在现实生活中人与人之间的差距却很大。其根本原因在于人心态的不同。成功人士的首要标志,就在于他们有热情积极的心态,有一颗宁静的心。一个人如果拥有一颗宁静的心,能够做到宠辱不惊,不以物喜、不以己悲,只是认真地去做自己该做的事,那成功就离他不远了。

而小明的行为则是未获得心灵宁静的表现。其原因主要是由家庭环境影响和学校教育失当造成的。在现代的家庭中,孩子多为独生子女,父母长辈的溺爱娇惯,养成了他们优越感,滋生了"以我为中心"的心理;在学校,成绩优秀的学生自然成了教师的宠儿,他们处处受到照顾和优待,经常性地享受着各种荣誉和鲜花。过度的"甜蜜"与宠爱,更容易使他们产生心理上的演变,即由自尊自信演变成虚荣心、爱面子,由倔强好胜演变成高傲自大,由自重自爱演变成自私自利,最终发展成唯我独尊,目空一切。一旦外界条件不能满足个人的心理欲望时,就会出现一些异常的言行。从情绪的角度来分析小明的行为,他之所以会有这样的行为,是因为他没有达到心灵的宁静,容易受外物的影响,不能做到不以物喜,不以己悲。小明的行为虽是个例,却是这种不良心理的突出表现。

青少年正处于生理和心理快速发展的关键时期,如果没有一个好的情绪,势必会影响其学习和生活,甚至会对其一生产生不良影响。因此,培养青少年形成良好的情绪就显得十分迫切。青少年的大部分时间都在学校学习,学习过程中必然会遇到各种各样的考试,在这些考试中,有同学考得好就必然有同学考得不好,无论是考得好的还是考得差的同学如果都能保持一颗宁静的心,不去计较一时的得失,考得好的再接再厉,考得不理想的寻找对策,改进方法,最终一定都能取得更好的进步。

好了,现在先停下来小憩片刻,总结一下到目前为止你所了解到的有关宁静的知识吧,然后再次审视一下上面的案例,这样将有助于我们在轻松中得到成长哦!

深入阅读

(一)宁静有利于我们的健康

前面我们提到了人在生气时呼出的气可以杀死大白鼠,由此推论出生气状态的分泌物具有毒性,因此爱生气的人很难健康。而人在宁静状态时,心平气和,呼出的冷凝气水澄清无色,由此也可以推断出宁静对人的健康是与生气不同的。生气对人的健康不利,而宁静则有利于人们的健康。

在日常生活中,我们可能会发现,有些人很长寿,而如果仔细分析这些长寿之人的话,我们会发现他们的共同特点都是不爱生气,能够经常拥有一颗宁静的心。心理学研究也表明,经常处于宁静状态的人,身心更容易达到和谐,更容易体验到愉悦与幸福,这恰恰是使人长寿的重要因素。

现在逐渐兴起的音乐疗法、阅读疗法都是一些行之有效的对我们的健康有利的疗法,而这些疗法的共同目的就是通过使人宁静而发挥其疗效的。

想拥有健康的身心吗?

如果答案是肯定的,那么从现在开始,尝试让自己拥有一颗宁静的心灵吧!

Tips:你可以练习瑜伽,看一本好书,听一首舒心的歌曲,在阳光下细细地品味茶香……

还有什么好的办法呢?说出来与大家共享吧!

(二)宁静有利于扩展思维

想一下,在考试时,我们是在愤怒、焦虑的状态下会做的题多呢还是在心平气和的状态下会做的题多呢?

答案自然不言而喻。我们都有这样的经验,如果考试前自己非常焦虑,有时候本来应该会做的题也做不出来了。而如果自己考前告诫自己要淡定,尽量让自己保持一颗宁静的心去参加这次考试,在考试时我们就会发现自己的思路非常开阔,能收到意想不到的效果哦!

古人云:"非淡泊无以明志,非宁静无以致远。"这句话很好地道出了宁静致远的好处。当我们的心灵处于宁静之中时,心平气和,外在的烦心事打扰不到我们,我们的思维可以像花儿一样"开放",我们看到更多,想到更多,创造更多。

我们常常会听到这样的话:"冲动是魔鬼。"说的就是人在有些冲动的情况下容易犯下错误。有研究表明,当人们处于一些激情状态时,大脑容易"短路",从而禁锢我们的思维,使我们的视野变得更加狭隘,导致一些错误的决断。

Tips:下一次考试前,深呼吸,试着让自己处于宁静的状态,你可以亲自体验一下这种状态所带来的思路开阔的感觉哦!

(三)宁静有助于我们发现生活中的美好

常常听到一些人抱怨生活的乏味和枯燥,付出太多,而给予太少。殊不知,这不是生活的错,而是他们蒙住了从最平凡的事物中注视到神奇与美丽的眼睛,而他们发现美的眼睛之所以被蒙住,就是因为缺少一颗宁静的心灵。

让我们先来看一个小故事吧:

一个叫塞尔玛的年轻女人,陪伴丈夫驻扎在一个沙漠的驻军基地时,丈夫奉命到沙漠里演习,她一个人留在陆军的小铁皮房子里,不仅炎热难熬,而且没有人谈天,只有墨西哥人和印第安人,他们不会说英语。她太难过了,就写信给父母说要回家,她父亲的回信只有两行字,但是这两行字彻底改变了她的生活:

两个人从牢房的铁窗望出去,一个人看到了高墙、铁丝网,一个人看到了蓝天、白云。

她不再难过,开始试着和当地人交朋友,人们对她非常热情。她对当地的纺织品和陶器很感兴趣,开始研究引人入迷的仙人掌和沙漠中的其他各种植物,原先的痛苦变成了一生中最有意义的事,并为自己的新发现而兴奋不已。两年之后,塞尔玛的《快乐的城堡》出版了,她终于看到了"蓝天、白云"。

读了这个故事,你有什么感受?

故事中的女主人公由开始的烦躁到后来静下心来,并有所创造的过程,离不开其心灵的宁静。

在现在这个步调飞快的时代中,要想让自己更多地发现生活中的美好,让自己能更好地去享受生活,就必须要让自己的心灵沉淀下来,保持一颗宁静的心。

艺术大师罗丹说过:"美是到处都有的。对于我们来说,不是缺少美,而是缺少发现美的眼睛。"

想让自己拥有一双发现美的眼睛吗?那么就先让自己拥有一颗宁静的心灵吧!

读到这里,你是不是已经迫不及待地想要知道我们该怎么才能获得心灵的宁静呢?

现代社会生活节奏快,不仅是成年人面临着巨大的生活和工作压力,就是青少年也面临着巨大的学业压力,家长的期望、学校的期望、社会的期望……成长于这样的环境中,身心的平衡是生活的关键。在外界环境给人造成巨大的精神刺激的同时,我们也要放松身心,也需要一种心灵的宁静。

那么,到底该如何才能获得心灵上的宁静呢?

解决策略

策略一:我要拥有一双善于发现美的眼睛
——通过视觉来获得心灵的宁静

根据我们的天性,我们在很大程度上要依赖视觉。有统计表明,我们所接收到的感觉信息有70%是通过眼睛来获得的。如果我们留心观察,用视觉来享受这个世界,就会发现许多意想不到的美:颜色、形状……熟悉的景象给人带来安慰,新的景象让人痴迷,给人带来刺激。

(1)放慢你的脚步,尽情欣赏湖边的倒影——清晨,湖边,树、蓝天、白云、岸边的一切,倒映于水平如镜的水面上。

这会是种什么感觉?你体会过吗?

(2)观察喧嚣的人群——当你置身拥挤的人群中,且有身陷囹圄之感时,不妨坐下来,以一个旁观者的姿态观看流动的人群,你会有意想不到的收获。

（3）欣赏蓝色的事物——蓝色的天空、蓝色的海水、蓝色的花朵都会给人以宁静的感觉。

有研究表明，蓝色是一种具有治疗作用的颜色。

当你想要获得宁静时，不妨多接触蓝色的事物：穿蓝色的衣服，墙上贴上蓝色的壁纸……

试一下，什么感觉？

（4）细心观赏鸟儿的飞翔——当我们观看那些处于自然状态的有翅膀的精灵在空中翱翔时，尽管我们的身体受地球的引力的束缚，但我们的心定会插上鸟儿的翅膀，与那些鸟儿比翼飞翔。

（5）在绿地上独处——找一块儿绿地，躺在上面，欣赏着周围的生机勃勃，这是一种惬意的感觉。

你还有别的什么方法，写下来与大家一起分享吧！

策略二：原来我的耳朵有如此功效
——通过听觉来获得心灵的宁静

众所周知，音乐能使凶猛的野兽驯服，能使人放松，这种力量体现在音乐的旋律、声调、音色以及风格的微妙处。任何一种音乐，其美妙的旋律都能将人最强烈的情感得到宣泄，使人类精神达到一种安详和愉悦的境地。

声音是一种能量。从生理学的角度来说，神经系统将声波转换为愉快或不愉快的刺激，使身体紧张或放松。声波通过听觉神经从耳朵传到大脑，轻柔的声音抚慰大脑以产生一种放松的意识。

（1）聆听一曲自己喜欢的音乐——当你沉醉于乐曲中时，你会发现自己的身心都能沉静下来了。

自己亲自去体验一下这种感觉吧！

（2）倾听安抚的声音——当你心情不好时怎么办？对！来自亲朋好友的安抚的话语会让你宁静下来。

（3）静静地聆听风的声音——你听到过风的声音吗？你是不是想问：风也有声音？Yes！风声还具有独特的功效呢！走出室外，静静地坐一会儿，聆听风吹过的声音，每一阵风吹过时，你有什么感觉？

（4）享受沉默的声音——关掉电话，关掉电视机，移开"滴答"响的钟表以及任何令你分心的东西，为自己建筑一个安静的空间，然后静坐聆听，你听到了什么？

（5）欣赏水声——雨珠滴落在窗户玻璃上时所发出的声音，大海的波涛有韵律地拍击海岸时发出的声音，大股大股的水从那饱经风霜的岩石上飞流直下三千尺、冲进白浪翻滚的深潭时所发出的声音，涓涓的山溪温柔地滑过岩石奔向大海时所发出的声音……

你细细地享受过这些声音吗？如果答案是 NO 的话，你已经错失了很多美好，赶紧去听听来自水的美妙的声音吧！

……

◎试一试◎

这些音乐具有疗愈的功效，你不妨亲自听听这些轻音乐，看看是否可以达到宁静。

马上来感受一下吧！

作曲者	曲名
贝多芬	致爱丽丝
莫扎特	夜的钢琴曲
莫扎特	C 小调协奏曲
班得瑞	雨的印记
班得瑞	平和花园

策略三：闻一闻

——通过嗅觉来获得心灵的宁静

虽然嗅觉常常被我们忽略，但它确实也是获得心灵宁静的一种有效方法。芬芳疗法就是利用嗅觉的原理：通过芬芳馥郁的气味，和那些使我们达到更深层次的身心放松的气味，使我们重新熟悉宁静的艺术,以便使我们重新找回身心的平衡。闻一闻新剪的长茎的玫瑰的芬芳、或是新磨的咖啡的香味、或是暮下时节傍晚时分微风送来的秋的气息,是一种更快捷的获得心灵宁静的方法。

(1)品味花的芬芳——你知道月季是什么气味吗?能分辨出玫瑰的芬芳吗?下一次当你看到花时,先闻一闻,感受一下花香带给你的独特感觉。

(2)感受露珠的气息——当你闭上眼睛,深呼吸,去品味这浓缩的清晨露珠的气味时,会有什么感觉?赶紧去感受一下吧!

(3)感受幽幽山林的气息——漫步在林中,品味着各种气息:是树叶的,树皮的,还是松针的气息呢?每向林中迈进一步,就把几小时前还在扰乱你思绪的事物,那些难以解决令你担忧的事统统抛在脑后,在自然中找回心的宁静。

(4)感受雨后的气息——你留意过刚下过雨后的气息吗?雨后,清新的空气的气息、淡淡的泥土的气息……都会给人以心灵上的宁静之感。

(5)品味草的气息——修剪草坪时,细细品味着草散发出的清香的气息,尽情享受着这种感觉,这种气息是最让人愉快的。

……

现在什么感觉?刚才的不快还存在吗?为了见证上面方法的作用,记下你此刻的感受吧!

策略四:尝一尝
——通过味觉来获得心灵的宁静

在如今这快速的生活方式中,人们的饮食习惯可以用狼吞虎咽来描述,上班族要急着去上班,上学族要赶着去上课,人们很少有时间去细细品尝一下滑过舌头的食物的滋味。然而,食物和饮料却可以起到平抑精神压力的作用。那么食物究竟是怎样使人有种身心逐渐放松的感觉的呢？其实就是通过食物和酒水结合在一起给味蕾以刺激，然后再给予短暂的休息加以思索。通过有意识的选择，让这些美味佳肴和液体轻柔地通过双唇和舌，这样沉重的压力就会迅速解除。

（1）找个机会细嚼慢咽地吃饭，细细品尝那丰实的滋味，鲜嫩的质地，享受这种细细品味所带来的感觉。

（2）在口中慢慢嚼几片新鲜的薄荷叶，闭上眼睛，把你的全部精力集中在薄荷的味道上。

（3）吃水果时，细细品尝水果那鲜美的果汁和嫩嫩的果肉，能给你的舌头带来不一样的滋味。

（4）细细品尝新鲜清凉的水，品味它那湿润的、凉爽的清新感。

（5）巧克力那甜甜的味道，光滑细腻的口感，细细品味这种感觉，也能给我们的心灵带来宁静。

……

◎做一做◎

下次吃饭或者喝水时，试着放慢速度，细细品味……

然后记着把你的新的体验与收获记录下来哦！

策略五：摸一摸
——通过触觉来获得心灵的宁静

触觉对人至关重要，在使人保持最佳健康状态方面也有很大作用。由于肌肉紧张是精神压力的首要症状，就身体表面而言，皮肤是最大的器官，并且相当一部分肌肉组织依赖触觉，因此，触觉是缓解压力，获得宁静的一种较为有效的方法。

（1）触摸——给人一个拥抱，拍拍他的背，你体验过这样做的感觉吗？这种能量的交换是相互的，会让彼此都感觉到心与心的关心与安宁。

（2）光滑物——人手喜欢触摸表面光滑的物体,如天然玉石。这些东西不管是轻轻抚摸,还是握在手中,都能使人身心同时产生放松感。不妨来亲自试一试吧!

（3）感受风——温柔的凉风掠过皮肤,亲吻身体时的感觉,这是一种什么感觉?你留意过吗?

（4）感受雨——在雨天,不要匆匆掏出雨伞,任雨水打在面颊,尽情去享受这沐雨的感觉。

……

◎想一想◎

还有没有其他的可以获得宁静的途径?

策略六:综合法

尝试一下全身放松地坐好,闭上双眼,由他人给予言语性的指导,进而由自己想象。

事先了解在什么情境中最感舒适、惬意、轻松,然后对这种情境加以想象。常见的情境是在大海边。可以这样给出指导语:

你现在正仰卧在静静的海滩上,阳光明亮却并不刺目,温暖但不烤人,风暖暖轻轻地拂在我身上,海滩上的沙子又软又暖,我感到无比的舒适,海涛在"哗——哗——"地吟唱者,有几只海鸟在蔚蓝的天空中飞翔……

◎写一写◎

怎么样?你现在是什么感受?不妨把自己这次体验的感悟写下来。

希望你能想出更好的方法来与大家共享!

◎做一做◎

青少年:我该如何在生活和学习中获得宁静呢?

家长：我该如何帮助孩子获得宁静的心灵，从而帮助其更好地学习和生活呢？

青少年和家长分别回答完自己的问题后，互相交换答案，并通过交流与讨论，达成一致的看法。

自我反思

我们了解了什么是宁静，宁静的感受，宁静对我们的种种好处，以及如何才能获得宁静。现在就让我们静下心来，回忆一下到目前为止我们到底学到了什么，有什么感悟。把你的心得体会和内心想法写在下面的横线上。

第六节　世间最珍贵的东西——爱

引言

> 人间如果没有爱，太阳也会熄灭。
>
> ——［法］雨果

父母对子女的爱，朋友之间的爱，恋人之间的爱……只要我们留心，就会发现生活中处处都充满着爱。爱，是我们所渴望拥有的，也是我们司空见惯的。可是，如果问你：爱是什么？爱包含了哪些要素？爱有什么作用？如何正确表达爱？……当涉及这些问题时，很多人就语塞了。

想一想，对于"爱"，你还有哪些问题？

把这些问题写下来，然后让我们带着这些问题，开启一段爱之旅吧！

案例

诗—歌串串香

我愿意是急流，

是山里的小河，

在崎岖的路上、岩石上经过……

只要我的爱人，

是一条小鱼，

在我的浪花里，

快乐地游来游去。

我愿意是荒林，

在河流的两岸，

对一阵阵的狂风勇敢地作战……

只要我的爱人，

是一只小鸟，

在我的稠密的树枝间，

做巢鸣叫。

我愿意是废墟，

在峻峭的山岩上，

这静默的毁灭并不使我懊丧……

只要我的爱人，

是青青的常春藤，

沿着我荒凉的额，

亲密地攀援上升。

我愿意是草屋，

在深深的山谷底，

草屋的顶上饱受风雨的打击……

只要我的爱人，

是可爱的火焰，

在我的炉子里，

愉快地缓缓闪现。

我愿意是云朵，

是灰色的破旗，

在广漠的空中，懒懒地飘来荡去……

只要我的爱人，

是珊瑚似的夕阳，

傍着我苍白的脸，

显出鲜艳的辉煌。

——[匈牙利]裴多菲：《我愿意是急流》

因为爱着你的爱

因为梦着你的梦

所以悲伤着你的悲伤

幸福着你的幸福

因为路过你的路

因为苦过你的苦

所以快乐着你的快乐

追逐着你的追逐

因为誓言不敢听

因为承诺不敢信

所以放心着你的沉默

去说服明天的命运

没有风雨躲得过

没有坎坷不必走

所以安心的牵你的手

不去想该不该回头

也许牵了手的手

前生不一定好走

也许有了伴的路

今生还要更忙碌

所以牵了手的手

来生还要一起走

所以有了伴的路

没有岁月可回头

——苏芮《牵手》

◎想一想◎

青少年：裴多菲的诗《我愿意是急流》给你什么感觉？苏芮的歌《牵手》又给你留下什么印象？

家长：作为家长，你是怎么理解爱的？你平时是怎样表达对孩子的爱的？

问题探析

裴多菲的《我愿意是急流》这首诗用一连串的"我愿意"引出构思巧妙的意象,反复咏唱对爱情的坚贞与渴望,于朴实、自然之中诠释了爱情。

苏芮的这首《牵手》用柔和的文字向我们描绘了一幅幅温馨的画面,对我们理解什么是爱具有很好的启发意义。也许爱就是"爱着你的爱,梦着你的梦,悲伤着你的悲伤,幸福着你的幸福",爱就是"路过你的路,苦过你的苦,快乐着你的快乐,追逐着你的追逐"……

爱是情绪风景中最重要的一部分。

在情绪的所有音阶中都能找到爱的身影。

◎做一做◎

(1)细细品味裴多菲的《我愿意是急流》中所描绘的各种意境,然后把自己的感受写下来。

(2)有机会的话品味一下苏芮的《牵手》的歌词及其旋律。

深入阅读

(一)爱,我们无数次地探寻

爱在人的一生中是必不可少的。到底什么是爱? 爱有什么感觉? 爱包含了哪些要素? ……

对于一系列诸如此类的问题,你仔细想过吗?

相信聪明的你一定迫不及待地想要往下寻找答案啦!

1. 什么是爱?

不同的人对爱有不同的理解。一组专业人员向一群四到八岁的孩子问了这样一个问题:"爱是什么?"我们先来看看孩子们的回答:

"爱就是当你出去吃饭时,你把自己大部分薯条给某个人,而却并不在意他是不是也给你。"(克里希——六岁)

"爱就是当我妈咪给爹地泡咖啡,在给他之前先尝一口,看看味道是不是还可以。"(丹尼——七岁)

"爱就是在钢琴独奏会上,我在台上,很紧张。望着台下,所有人都在看我。我看到爹地冲我挥手微笑,只有他一个人这么做。我就不再感到紧张了。"(辛迪——八岁)

……

上面的例子对你有什么启发?你觉得什么是爱呢?

先让我们来看一下心理学家是怎么来定义爱的:"爱是一种既有原始性,又在基本情绪社会化中由多种情绪结合而成的复合情绪。它包含着社会的、生理的、认知的以及多种情绪的复合因素,并涉及个人、同伴、家庭成员之间以及个人与社会之间关系的复杂感情。"是不是觉得听起来很抽象?下面我们通过两个例子来对"爱"做一个直观的、具体的理解。

• 今天早上我值日,由于今天劳动任务重,一直忙到上课前,所以也没吃成饭。正当我饥肠辘辘之时,同桌递给我一个面包……

• 今天突降暴雨,一直下个不停,我也没带雨伞,放学后,正当我发愁该怎么办的时候,我远远地看见在暴雨中,母亲拿着伞朝我赶过来……

遇见这两种情况,你会有什么感受?

对,这两种情境给人的共同感受就是我们都能体验到喜悦、感激、幸福等复杂的感情。

爱发生于一个个体与另一个体之间,体现了彼此之间的一种关切与关心的态度,是一种积极的感情。爱是一件多彩的事物,是人类最崇高、最强烈、最美丽、最妙不可言和最富意义的一种情绪,它不是一种单一的情绪,而是许多积极情绪的复合体,包括快乐、感激、宁静、兴趣、自豪等。将这些积极情绪转变为爱的,是它们的情境。当这些良好的感觉与一种安全的、并且往往是亲密的关系相联系，扰动我们的心灵时，我们称之为爱。

2. 爱的感觉

说了这么多，你肯定很想知道"爱"到底是一种什么感觉吧？

回想一下你在父母身旁时的感觉，和自己的爱人在一起时的感觉，和自己的好朋友在一起的感觉……

怎么样？发现这些感觉的共同点了吗？

对，爱可以给人以一种轻松、愉悦、安全、舒适之感！

在与相爱的人的相处中，我们感到无拘无束，感到安全，感到无条件的信任，可以无条件地奉献，身心相融，感觉到放松、欣赏与满意，充满了希望和幸福。

好了，让我们先小憩片刻，回想一下自己最近一次体验到这种爱的感觉是在什么时候？在什么情境中体验到的？

Tips：不要忘记记下来哦！以便我们下次能及时捕捉到这种美好的感觉。

（二）为什么人们会爱？

马斯洛曾说，爱是人类的基本需要。

为什么说爱是人类的基本需要呢？爱起源于什么？

生物学家达尔文提出了著名的生物进化论，用以说明生物的进化。"爱"也是有其进化渊源的。著名心理学家弗洛姆在他的著作《爱的艺术》中对这一问题给予了很好的阐释：

人一生下，就从一个原本能确定的环境，被抛入一个不确定的、完全开放的环境中去了，人仅仅对过去有把握，对未来——除了知道人终有一死外——一无所知。

人天然具有理性，他能够意识到自己存在的生命。人能意识到他自己、他的同伴、他的过去以及未来发展的可能性。对自身作为一个单独实体的意识，对自身短暂生命历程的意识，对自身孤独与疏离的意识,对自身处在大自然与人类社会中无力感的意识……所有这些意识都使他孤独、破碎的存在变成无法忍受的牢狱。如果他不能把自己从这样的牢狱中解放出来,如果他不能以某种方式同他人、同外部世界沟通起来,那么他就会发狂。

疏离感的体验产生焦躁。孤独的感觉是所有焦躁的根源。疏离,就意味着被切断了所有跟外界的联系,这样也就不能发挥任何人的力量。因此,疏离也就意味着无助,意味着不能主动地把握这个世界,也就意味着这个世界可以毁灭我,而我实际上毫无还手之力。这样,疏离就成为极度焦躁的根源。

人——所有时代和所有文化中的人——永远都面临着同一个问题,即如何克服这种疏离感,如何实现与他人融合,如何超越个体的生命,如何找到同一。原始时代居于洞穴中的先民、照料羊群的游牧民族、埃及的自耕农、腓尼基的商人、罗马的士兵、中世纪的僧侣、日本的武士、现代的职员和工厂雇主都有这个问题。这个问题之所以从古至今一成不变,因为它产生于同样的根源:即人的境况,人类存在的诸多条件。对这个问题的回答,不同的时代和文化有不同的答案:人们可以通过动物崇拜、人祭或军事征服、纵情享乐、狂热的劳动、艺术创造,通过对上帝之爱和对他人之爱等方式,对这个问题做出不同的回答。

弗洛姆很好地阐释了爱在人类进化中的作用。但是,你是不是感觉大家的语言有些晦涩难懂呢?没关系,咱们通过下面的例子可以使之通俗化。

· 终于到了周五的下午,在学校待了一周了,终于可以回家了。你兴高采烈地回到家,一看,家里门锁着,一个人也没有,这时你那兴奋的心情还在吗?此刻你心里会是一种什么感觉?

· 小王是个性格孤僻的人,总是以敌视的态度对待周围的同学,慢慢地,大家都开始躲避他,没人敢去接近他,他也找不到一个可以交心的人。

◎想一想◎

如果身处第一种情形中，你有什么感觉？把自己想象成小王，处于他的境遇中，你又有什么感觉呢？

对啦！在这两种情形中，是不是都感觉很孤独无助？诚然，人类是种社会性动物，我们总要想方设法地摆脱自己的孤独感。孤独感的存在会使我们产生焦虑，通过"爱"可以使我们摆脱焦虑，摆脱孤独感。

（三）爱的四个要素

首先，让我们回过头去再次品味裴多菲的《我愿意是急流》和苏芮的《牵手》。

怎么样？发现它们有什么共同点吗？写下来，和其他人交流一下想法吧！

Tips：与他人交换一个苹果，你还是只有一个苹果，与他人交换想法，你却可以拥有翻倍的思想！

心理学家弗洛姆认为，爱包含了关心、责任、尊重、了解等诸要素。

你猜对了吗？想知道为什么包含这几个要素吗？

欲知原因如何，且看下文分解。

1. 关心

爱意味着关心，这一点在母亲对孩子的爱中表现得最为显著。如果我们看到一个母亲对他的孩子缺少关心，不给孩子喂食，不给孩子洗澡，不关心孩子的身体是否舒适，不理会孩子的需要，那么人们就会怀疑她是否真正爱自己的孩子；但如果我们看到她对自己的孩子异常关心，那么我们就会被她对孩子的爱所感动。甚至对动物和花草的爱也是如此。如果有人宣称自己喜爱花草，可是我们却发现他经常忘记给花草浇水，我们就不会相信他真的"爱"花。

　　爱是对所爱对象的生命和成长的积极关心。如果缺乏这种积极的关心，就没有爱。爱的这一要素在《圣经·约拿书》中得到了很好的阐述。上帝吩咐约拿去尼尼微，向那里的居民发出警告，如果他们不改邪归正，他们就将受到惩罚。约拿却违背耶和华的差遣，逃跑了。因为他担心尼尼微的居民悔改，这样上帝就会饶恕他们了。约拿是一个具有强烈秩序感和法律感的人，但他不是一个具有爱的人。在他逃跑的路上，他发现自己被吞进了一条鲸鱼的腹中；而这正好象征着他由于缺少爱与团结所造成的孤独和幽闭状态。上帝把他从鱼腹中拯救出来，约拿便去了尼尼微，向那里的居民宣告了上帝的话，这时正如约拿担心的那样，尼尼微的居民悔改了。上帝便饶恕了他们，决定不使全城覆没。约拿愤怒而又失望，他需要的是"正义"得以伸张，而不是怜悯仁慈。最后他在一棵树的阴影下找到了些许的平衡。这棵树本是耶和华让它长成，好替约拿遮挡太阳，这时上帝却让这棵树枯萎，约拿十分沮丧，愤怒地埋怨上帝。上帝回答说："这棵树不是你栽种的，也不是你培养的，一夜发生，一夜干死，你尚且爱惜；何况这尼尼微大城，其中有不辨善恶的十二万多人，并有许多牲畜，我岂能不爱惜呢？"上帝对约拿的回答应该象征性地加以理解。上帝向约拿解释道，爱的本质是为之劳作，使之长大，爱与劳作是不可分割的。人们会爱他为之劳作之对象，同样也会为他所爱的对象劳作。

　　当然，为所爱的对象劳作只是关心的一个方面的体现，关心还可以是一句温暖的问候，一个拥抱，一句安慰的话等等。

　　从现在起，关心身边的每个人，哪怕是一个微笑，一个举手之劳的帮助……

　　同时别忘了记录下你这样做之后的感受哦！

---

2. 责任

　　作为爱的要素之一的责任，并不是我们通常意义上理解的义务，这里的责任是指对另一个生命表达出来或尚未表达出来的需要的响应，是一个完全自愿的行为。"负责任"就意味着有能力并准备对这些需求予以响应。约拿最初对尼尼微的居民没有感到有责任，所以刚开始并未表现出爱。这种责任在母子关系中主要表现为母亲对孩子需要的照顾。

3. 尊重

尊重是指有能力将对方按本来面目看成是其所是，看到对方的独特个性，意味着允许对方按照其自身的本性去成长和表现，而不是要对方按照我所希望的样子去成长和表现，即允许对方成为他们自己所愿望的那样，绝不强迫要对方来迎合自己。

◎想一想◎

（1）别人把他们的意愿强加给你时，你是什么感受？

（2）你有没有把自己的意愿强加给别人的情况？如果有，以后你还会这样做吗？

4. 了解

作为爱的要素的"了解"是要洞察到事物的核心，而不是皮毛。要想达到这种了解深度，我们就要超越自己的关注点，而完全从对方的立场出发，站在对方的位置，设身处地的和对方同步思考，专注于他的经验，体验他的感受，这样，你就会感受到以前不曾感受到的东西。譬如：我知道这个人正在生气，即使他没有公开表露出来；但我还可以知道得比这更深：他很焦躁也很担心，他感到孤独，感到内疚。这样我就明白他生气只是他内心更深层的表象而已；这样我就可以把他看作一个焦躁、身处困境的人，而不仅仅是一个大发雷霆之人。

思考：你真的了解你所爱的人吗？爱你的人了解你吗？

关心、责任、尊重、了解——这些爱的要素之间有什么关系？

试想一下：如果一个人对你漠不关心，不了解你需要什么，对你也不尊重，你会有什么感觉？你能相信这个人是爱你的吗？

关心、责任、尊重及了解相互依存，缺一不可。了解是爱的前提，如果不了解对方,关心和责任都会是盲目的,想尊重对方也是不可能的。如果没有关心的激发,这种了解也会是空的。如果缺乏尊重,那么责任就可能蜕变成为支配或占有。凡成熟之人的爱皆具备这几种要素。

◎想一想◎

你具备了上述爱的各种要素吗?你该怎样使自己具备各种爱的要素的能力?

(四)爱,让我们更幸福

美国的《爱的科学》作者安乐尼·华尔士认为:我们因爱而得以生到这个世界,我们通过爱而使生命得以延续,我们为了爱而乐于牺牲生命本身。爱围绕着孩子,使他们无忧无虑,爱不定期地给年轻人带来快乐,爱给老年人送来安逸以使其安度晚年。爱能疗疾治病,爱能使跌倒者重新站立起来,爱能给被折磨者带来安慰,爱能激发音乐家、画家和诗人的灵感。爱是"大自然的第二个太阳",爱"使人们的心中永远是春天",爱"能使太阳和星星移动"。

华尔士又进一步说,摧残人精神的,不是死亡、疾病、磨难和贫穷,而是对孤独和在这个世界上得不到爱的恐惧。只有既为人所爱而又能报之以爱,我们才能体会到作为人的完整性。没有爱,我们便是不完整的个人,我们便会渴望与他人结合。与他人的结合一旦并不完美的话,我们便会在情感上和精神上感到空虚。

柏拉图称爱是众神的第一种创造,心理学家弗洛姆则说爱是威胁人类生存的众多问题中的最后一线希望。

1. 爱可以使我们拥有好心情

爱对于人们的心理健康具有重要意义。根据一项对抑郁症的调查发现,结婚的人当中患有抑郁症的人数最少,其次是没结婚的人,而离婚者当中患有抑郁症的人最多,并且发现,离婚两次以上的人比离婚一次的人更多地患有抑郁症。

想要拥有一个好心情吗？如果答案是 Yes 的话,那么送你三个字:去爱吧！爱自己也爱别人。

2. 爱可以使我们感到更幸福

爱有利于提升人的幸福感。美国的一项调查发现,处于幸福感前 10% 的人都具有一个相知相爱的伴侣,在已结婚的成年人调查对象中有 40% 的人回答说自己的生活很幸福,而没结婚的成年人中回答说自己很幸福的人数为 23%。一项对美国人的调查,问题是你认为生活中最不幸的事是什么,有半数以上的人说是没有爱。令人满意的爱,在人幸福因素的排列中,比工作、职业和金钱更为重要和有价值。

幸福是每个人都渴望拥有的。而幸福的秘诀很简单,那就是——爱。已有研究表明,经常给予爱和获得爱的人更幸福。

从现在起,爱身边的每个人——同学、老师、亲朋好友,关心他们、尊重他们。这样你就会成为一个被幸福包围的人儿！

3. 爱可以创造奇迹

在电视剧中,我们会经常发现这样的情节,一个人的生命已经危在旦夕,几乎到了无可挽回的地步,这时,爱他/她的人出现在病床边,不断地呼喊着他/她,最后竟然奇迹般地苏醒了。

我们可能也见过这样的场景:在一场球赛中,由于周围亲朋好友的亲临助阵,队员可能会表现得超乎自己的平时水平。

只要你拥有爱,当你感到"山重水复疑无路"的时候,定会出现"柳暗花明又一村"的状况。

4. 爱是人类的基本需要

前面谈到爱的起源时,我们已经提到了爱是人类的基本需要。

人本主义心理学家马斯洛认为,人的需要是一个按层次组织起来的系统,他提出人类有七种基本需要:生理需要,安全需要,归属和爱的需要,尊重需要,认知需要,审美需要和自我实现的需要。这几种需要按其需要的层次可以形成一个倒金字塔形。其中爱的需要位于位于生理需要和安全需要之上,说明对于我们人类来说,除了受制于我们生物本能的纯粹生存需要外,爱的重要性,远超于其他一切事情之上。

试想一下:如果没有爱,世界会变成什么样子?

从宏观角度来看,如果没有爱,整个人类就不会存在。如果没有爱,将不会有你的诞生,你的家人和朋友也是如此——事实上,如果没有爱,整个星球将不会有人类。爱是人类生存所必需的,如果没有了爱,整个人类将会渐渐消失。

从微观角度来看,生活中如果没有了爱,我们会感到孤独、无助,生活也会失去其原本应该具有的丰富多彩。

5. 爱可以推动整个社会的进步

我们都知道,大自然中有许多强大的力量,比如重力,虽然我们觉察不到它的存在,但是如果没有重力,我们将无法停留在地球上。同样的,爱的力量也是无穷的。这种无穷的力量可以推动整个社会的进步!

如果没有爱,就不会有我们今天的生活。每一项发明、发现及人类的创造物都源自人心中的爱。

如果没有莱特兄弟的爱,我们能有今天的飞机吗?如果没有科学家、发明家及发现者的爱,我们能有电、热或光吗?如果没有建筑师和工匠的爱,我们能有今天的家、建筑物或城市吗?如果没有爱,我们能有医药、医生和急救设施,能有老师、学校和教育,能有书、画作、音乐吗?

现在环顾你的四周,如果没有爱,你周围的人或物还会存在吗?

案例

爱人与爱己

有这么一个故事：故事的主人公是一位母亲和她的两个孩子——一儿一女。这位母亲非常能吃苦耐劳，为了自己的孩子，她数十年如一日地劳作着，过的日子非常简朴。吃的是最简单的，如果是她一个人在家，她几乎不会吃肉，有时饭菜做多了，剩下了，她舍不得丢弃，就稍微热一下第二顿继续吃；在穿的方面，她对自己也很苛刻，她基本上没给自己添置过新衣服，只有偶尔亲友给她一些旧衣服，她也不挑剔，只要不烂，就会一直穿；在用的方面，只要不是必需品，她也从来不为自己购置。这位母亲无论在哪个方面对自己都很苛刻，但是对自己的孩子却非常大方：虽然很多东西她自己都没尝过，但是只要是她的孩子们想要，她就会买很多存放在家里，而自己也不吃。她总是让自己的孩子吃最好的，穿最好的，用最好的，而自己却吃最差的，穿最差的，用最差的。由于长年累月地劳作，积劳成疾，这位母亲最终累倒了……

◎想一想◎

青少年：你觉得爱人与爱己是一对矛盾体吗？你希望自己的父

母怎么爱自己？和爸爸妈妈交流一下你的想法。

家长：作为家长，你认同上例中的母亲的做法吗？你是如何爱自己的孩子的？为了以后能更好地爱你的孩子，和你的孩子交流一下想法。

问题探析

一千个人眼中会有一千个哈姆雷特。对爱的理解也是这样，不同的人有不同的看法，有不同的表达爱的方式。毫无疑问，故事中的母亲是一个非常伟大的母亲，她为了让自己的孩子能享受到更好的物质条件，对自己极度苛刻。然而，爱一个人就必须委屈自己吗？爱人与爱己是一对矛盾体吗？

其实换个角度想，天下没有不爱自己孩子的父母，故事中的母亲就是因为太爱自己的孩子了，爱孩子胜过了爱自己，所以才会表现得对自己很苛刻，而对自己的孩子很大方。

但是，一个连自己都不爱的人，怎么能去很好地爱别人呢？

其实爱人与爱己并不矛盾，只要故事中的母亲能意识到这一点，首先从认知上改变自己固有的观念，然后从行为上慢慢改变，肯定能做到既爱自己又爱别人。

深入阅读

爱自己就是要悦纳自己，不仅要爱自己的外在，同时也要爱自己的内在。

首先，一个人必须爱自己的外表。人的外表很大一部分取决于先天因素，是父母给的，对于先天的东西，我们无力改变，就要学会接纳。人无完人，即使一个人在这个人眼中是非常漂亮的，在另一个人眼中可能就不那么漂亮了，因为毕竟人与人的生活环境与生活习惯不同，所以审美标准也就千差万别。所以不必耿耿于怀于别人对自己的评价,只要认真地做好自己就行了。事实上,只要我们欣赏自己的外表,就会为拥有这么一个健康的外表而自豪,而不去在意外在的评价了。

除此之外,一个人还必须爱自己的内在。这包括爱自己的性格、气质等人格方面的特质等。人格是个体内在的行为倾向性,它表现为个体适应环境时在能力、情绪、需要、动机、兴趣、态度、价值观、性格、气质等方面的整合,是具有动力一致性和连续性的自我,是个体在社会化过程中形成的给人以特色的心身组织。人格具有独特性,人与人是不同的,每种个性的人都有自己的优点当然也有自己的缺点。比如性格外向的人擅长交际,能侃侃而谈,很能活跃气氛,但是需要耐心的工作对他们而言相对是有难度的;而性格内向的人不很擅长交际,在人群中总是最安静的,然而,内向者办事沉稳,有耐心……所以不能妄下结论说某种人好,某种人不好,这要视情况而定,每种人有每种人的特点,无所谓好与不好。

所以我们要爱自己,既爱自己的外在,又爱自己的内在。

进一步来说,爱自己才能更好地爱别人。如果一个人热爱自己,觉得自己很重要,有价值而且出色,那么他就不需要依循别人的肯定来增加自我价值,这样他就能够爱自己,更能去爱别人。先给予自己积极的评价,然后你就能给予别人,并帮助别人。到那时,你的付出就不会掺杂自私自利的目的,因为你不是为了别人的感谢或报偿而做,而是为了助人、爱人。相反,如果一个人没有自我价值感,不爱自己,那么,爱别人就成了空头支票。一个人自己都觉得自己毫无价值,又怎能与别人友善相处呢?更谈何去爱别人呢?另外,一个人只有爱自己,把自己照顾得好好的,才有资本去爱别人。

所以说,爱己是爱人的前提,只有爱自己的人,才能更好地去爱别人。

案例

　　• 小 A 是一个高二的女生，在她很小的时候，父母就离婚了，她一直跟着母亲生活，母亲把她从小拉扯大，她就是母亲唯一的寄托。小 A 也很懂事，知道母亲的艰辛，所以她学习非常努力，成绩也一直名列前茅。因为女儿马上就要升入高三了，学习非常紧张，母亲为了让女儿有更多的时间投入学习中去，毅然把自己在事业单位的一份很好的工作给辞了，在女儿学校附近专门租了一间房子，为女儿做饭、洗衣……总之，这位母亲把只要与女儿学习无关的事全包了，只是为了让女儿一心学习。

　　然而，事与愿违，小 A 的成绩却每况愈下。这位母亲着急了，她问女儿原因，女儿哭着说："你的爱压得我喘不过气。"

　　• 小王研究生毕业，在一家不错的国企工作，家庭各方面条件都很好，但是却一直没有女朋友。周围的亲友和同事们也给他介绍了一些，可是女孩和他相处一段时间后就必然会提出分手，因为每次恋爱，他都会把女友的一切规划得非常详细，大至每月的计划，小至每日的计划，他甚至渴望支配女友的生活，因为在他心里，他觉得爱就是占有。

◎想一想◎

青少年:你认可小 A 的母亲对女儿的爱吗?你希望自己的父母怎样表达对自己的爱?

家长:你以前是如何表达自己对孩子的爱的?今后你觉得会如何表达对孩子的爱?

Tips:家长和孩子交流一下意见,这样你们都可以得到成长!

问题探析

从前面我们谈到的爱的要素的角度考虑,我们会发现小 A 的母亲和小王犯了同样的一个错误:不懂得尊重,他们都是把自己的意愿强加到自己所爱的人身上,而不是将其看做是独立的,有自己独特想法的个体。爱不是占有,无论多么地爱一个人,也要尊重对方,也要用合适的方式去表达爱。爱意味着尊重对方,而不是把自己的意志强加给对方。

爱要怎么"说"出口?爱到底该如何正确地表达出来?

其实爱是一门艺术。小 A 的母亲是爱自己的女儿的,可是她的爱却把女儿包裹得几乎令人窒息;小王也是爱自己的女朋友的,可是他的爱却让对方失去了自我。爱一个人,就要以正确的方式去表达,要给对方以自由,尊重作为一个独立个体的对方。

为什么不同的人表达爱的方式有如此大的差异呢?个体爱的发展受什么影响呢?

想要知道这一个个问题的答案吗?请看下文:

深入阅读

心理学研究发现,童年亲子关系影响人格的形成,影响个体爱的发展。心理学家把童年的母婴依恋分为三种类型:安全型依恋、回避型依恋和反抗型依恋。其中,安全型依恋为良好、积极的依恋,而回避型和反抗型依恋又称不安全型依恋，是消极、不良的依恋。童年时具有安全型依恋的孩子在成年后能更好地发展自己积极的爱。

美国心理学家拜尔比曾经做过一个有关依恋的实验，他把幼儿分成三组，第一组是具有安全感和信任感，在充满母爱的家庭中成长。第二组和第三组同为缺少安全感的幼儿，母子关系有一些问题。研究者让幼儿在一个观察室中玩玩具，母亲在后面坐着。一会儿，一个陌生成年人进来了，接着母亲出去了。然后陌生人开始与幼儿接触，一起玩玩具，然后母亲进来，陌生人出去，如此几个来回，观察幼儿的反应。

结果发现，幼儿的表现存在三个模式。

第一个是安全的模式。安全感强烈的幼儿，信任母亲，将母亲当做是安全的策源地。当发现母亲离开时，他不再玩玩具，但能够与陌生人友好地接触与交往，与陌生人一起玩。当母亲回来后，他短暂地依恋母亲，然后又能开始舒适地玩了。

第二种是回避型的依恋模式。这类幼儿的表现为，母亲在身边时玩得很开心，但他们不像第一组有安全感的孩子那样经常笑，也不经常向母亲展示玩具。当母亲离开房间时，他们也不感到非常沮丧，他们对待陌生人像对待自己的母亲一样。当母亲回来时，他们忽视母亲，眼睛也不盯着母亲。当母亲抱起他们时，他们也没有表现出依恋的样子。

第三种类型是反抗型的孩子。他们不把母亲看做是探索新环境和游戏的依托，不认为母亲能够给自己带来安全感，所以不能安心地玩。当母亲出去前，他们过分缠着母亲，当离开后更是反应激烈，哭叫与不安，陌生人不能安抚他们。当母亲回来后，他们依恋地扑上去，然后又愤怒地离开。

具有安全型依恋模式的孩子容易形成安全与信任感。这种安全与信任感正是青春期后爱情的积极性来源。建立了基本信任感和安全感的人才具有爱别人的能力，才具有形成积极健康的爱情关系的能力，具有形成成熟的相依关系的能力。他们才有能力享受爱的满足。

◎试一试◎

爱要如何正确地表达？判断下面的做法是否正确：

小明是初二(1)班的学生，他们的班主任对学生要求非常严格，谁犯下一个错误就会受到严惩，这位班主任还经常说他这是爱学生才对他们严格要求的……

小刚是初二(2)班的学生，他们的班主任则刚好相反，基本上对学生没什么要求，实行的是放纵式的管理，因为在他的观念中这样才是爱学生的表现……

小军是初二(3)班的学生，他们的班主任对学生的管理则是张弛有度，该严厉时严厉，该放松时放松，这就是这位班主任心中爱的表达方式……

聪明的你猜对了吧？

爱既不是苛刻也不是放纵，而是要张弛有度。恰当地表达爱是一门艺术。

你知道吗？生活本身就是一个大课堂，只要留心，我们可以从生活中学到很多。下面就让我们一起来看一下从生活中可以学到哪些表达爱的方式：

今天想邀朋友一块儿出去玩，可是朋友临时有事，我们商量之后决定改天再去……

今天老师批评了我，我心里特别难受，这时同桌给了我一个温暖的拥抱……

假期结束了，我要返校，父母说要照顾好自己……

遇到一个很棘手的问题，这时我看到了老师鼓励的眼神……

今天我值日，由于时间紧，没吃早饭，上课前我发现抽屉里有个面包……

……

◎想一想◎

还有其他方式吗？把它写出来与大家共享，让你的爱惠及到周围的人吧。

解决策略

前面我们谈到了爱可以使我们获得好心情,可以使我们过上更加幸福的生活,可以创造奇迹……那么我们该如何获得爱,如何表达自己的爱呢?

策略一:关心身边的每个人

"前世的几百次回眸,才换来今生的一次擦肩而过。"这句话虽然无法用科学的方法去考量,但也足以说明我们与身边人相遇的不易。所以,从此刻起,关心身边的人,主动去帮助需要帮助的人。

试一试,这样做之后,别人对你是什么样一种态度?你自己又会有什么感觉?把自己的感受记下来。

策略二:尊重身边的每个人

你是喜欢尊重你的人呢还是喜欢把自己的意见强加到你身上的人呢?答案自然是不言而喻的,我们都希望能够得到别人的尊重。尊重意味着承认对方是一个独一无二的个体,意识到其独特性,使对方能够按照自己本来的面目去发展自己,而不是按照你的意志去行事。

下一次当你想要强迫别人干什么事的时候,告诉自己:每个人都是独一无二的,我要尊重其意见。

记录下尊重别人之后的感受吧。

策略三:充满感激地生活

把身边的人都当做你的朋友,善待他们。感激伤害你的人,因为他磨炼了你的心志;感激欺骗你的人,因为他增长了你的见识;感激鞭打你的人,因为他消除了你的业障;感激遗弃你的人,因为他教导了你应自立;感激绊倒你的人,因为他强化了你的能力;感激斥责你的人,因为他助长了你的智慧;感谢嫉妒你的人,因为他给了你足够的自信! 凡事感激,学会感激,感谢一切使你成长的人!

记录下你充满感激地生活的心情吧。

策略四:Smile,Smile 还是 Smile

无论任何情况下,都不要忘记 Smile,要始终保持微笑,这样不仅别人可以获得你所传递的正能量,别人从你那里获得的正能量也可以反过来再次影响到你,从而形成一种良性的循环。

医学研究表明,经常微笑既可以活动我们的面部肌肉,又有益于我们的身心健康,还可以帮助我们结交更多的好友,获得更多的爱,我们何乐而不为呢?

记录下你经常保持 Smile 的感觉吧,这将是你成长的见证!

◎想一想◎

你还有其他更好的策略吗? 写下来与大家一起分享。

◎做一做◎

青少年:如何才能获得爱呢? 我该如何表达爱呢?

家长:如何帮助孩子获得并正确地表达爱呢? 如何表达我对孩子的爱呢?

青少年和家长分别回答好自己的问题后,互相交换答案,并通过交流与讨论,达成一致的看法。

自我反思

我们已经了解了什么是爱，爱的要素，爱的作用，如何爱人与爱己，以及如何正确地表达爱。现在就让我们静下心来，回忆一下到目前为止我们到底学到了什么，有什么感悟。把你的心得体会和内心想法写在下面的横线上。

_____

_____

_____

参考文献

巴雅尔.陷入恐怖谷的机器人[J].大科技:科学之谜,2009(10)

蔡秀玲,杨智馨.情绪管理[M].安徽人民出版社,2001

崔钟雷.成功可以复制:99位名人成长成故事[M].长春:吉林人民出版社,2010

戴海波,杨惠.论恐惧诉求在构建公益广告情境中的运用[J].传媒观察,2011(08)

冯林.积极心理学[M].北京:九州出版社,2009

龚增良,汤超颖.情绪与创造力的关系[J].人类工效学,2009,15(4)

黄希庭.心理学导论[M].北京:人民教育出版社,1991

黄希庭.简明心理学辞典[M].合肥:安徽人民出版社,2004

黄希庭.健全人格与心理和谐[M].重庆:重庆出版社,2010

胡青楚.孤独等于每天抽15支烟[J].武当,2012(12)

贾毓婷,周辂绘.我的第一堂情绪管理课[M].北京:科学技术文献出版社,2011

江泽民.江泽民文选[M].北京:人民出版社,2006

林崇德.发展心理学[M].北京:人民教育出版社,1995

李雪冰,罗跃嘉.情绪和记忆的相互作用[J].心理科学进展,2007(5)

刘翔平.战胜考试焦虑:考生必备的心理素质[M].北京:北京出版社,2001

刘翔平.当代积极心理学[M].北京:中国轻工业出版社,2010

刘彭芝,王珉珠.情绪运用与压力调节[M].北京:中国人民大学出版社,2010

马前锋.心灵驿站——情绪调控[M].上海:上海科技教育出版社,2000

孟昭兰.情绪心理学[M].北京:北京大学出版社,2005

彭聃龄.普通心理学[M].北京:北京师范大学出版社,2009

钱铭怡.变态心理学[M].北京:北京大学出版社,2006

钱钟书.写在人生边上[M].沈阳:辽宁人民出版社、辽海出版社联合出版,2000

宋希仁,陈劳志,赵仁光.伦理学大辞典[M].长春:吉林人民出版社,1989

孙时进.社会心理学导论[M].上海:复旦大学出版社,2011

汤舜.嫉妒心理产生的原因、危害及调适[J].科技资讯,2012(18)

王端阳.嫉妒之心不可有[J].人力资源,2012(08)

王金霞.视觉实验中的情绪参照效应[J].大众心理学,2012(3)

汪向东.心理卫生评定手册[J].中国心理卫生杂志,1999(12)

王耀廷,王月瑞.心理学史上的76个经典故事[M].北京:汉语大词典出版社,2005

王艳梅.积极情绪的干预:记录愉快事件和感激的作用[J].上海:心理科学,2009(3)

王晖.美国小镇样本研究表明:孤独症像打呵欠可传染[J].新世纪周刊,2012

杨荣.快乐教育[M].汕头:汕头大学出版社,2004

叶奕乾.现代人格心理学[M].上海:上海教育出版社,2005

岳翠萍,梅涛,骆敏舟.表情机器人研究现状[J].机器人技术与应用,2009(1)

张大均,邓卓明.大学生心理健康教育[M].重庆:西南师范大学出版社,2004

张瑞东编译.伤人的话像钉子(生命寓言)[J].环球时报生命周刊,2005(23)

郑小兰.改变一生的60个心理学效应[M].北京:中国青年出版社,2009

张燕婴译注.论语[M].北京:中华书局,2006

郑日昌.情绪管理压力应对[M].北京:机械工业出版社,2008

郑雪.人格心理学[M].广州:广东高等教育出版社,2008

中国社会科学院语言研究所词典编辑室.现代汉语词典[Z].

北京:商务印书馆,2012

阿尔封斯·都德.最后一课[M].北京:人民教育出版社,2004

艾伯特·J·伯恩斯坦著,范蕾译.情绪管理[M].北京:中国水利水电出版社,2005

爱因斯坦.爱因斯坦自述[M].西安:陕西师范大学出版社,2010

安东尼·斯托尔.孤独:回归自我[M].内蒙古:内蒙古人民出版社,1988

芭芭拉·弗雷德里克森著,王珺译.积极情绪的力量[M].北京:人民大学出版社,2010

保罗·艾克曼著,杨旭译.情绪的解析[M].海口:南海出版公司,2008

贝弗莉·恩格尔.尊重你的愤怒[M].上海:上海三联书店出版社,2008

达尔文著,周邦立译.人类和动物的表情[M].北京:北京大学出版社,2009

大卫·伯恩斯著,李亚萍译,伯恩斯新情绪疗法[M].北京:中国城市出版社,2011

多丽斯·沃尔夫著,海民译.克服孤独[M].北京:中央编译出版社,2008

弗洛姆著,李建鸣译.爱的艺术[M].上海:上海译文出版社,2008

基尼利著.冯涛译.辛德勒的名单[M].上海:上海译文出版社,2001

朗达.拜恩著,王莉莉译.力量[M].湖南:湖南文艺出版社,2011

郎达·布里顿著,陈逸群译.你害怕什么——驱逐恐怖和压力的心理课程[M].上海:上海远东出版社,2004

理查德·格里格,菲利普·津巴多著.王垒,王甦等译.心理学与生活[M].北京:人民邮电出版社,2003

罗杰·霍克著,白学军译.改变心理学的 40 项研究(第 5 版)

[M].北京:人民邮电出版社,2010

马克·西门著,谢未译.面部表情大全[M].上海:上海人民美术出版社,2007

斯托曼.情绪心理学:从日常生活到理论(第5版)[M].北京:中国轻工业出版社,2006

韦纳著.周博林译.心理治疗的法则[M].成都:四川大学出版社,2007

原田玲仁著,郭勇译.每天懂一点色彩心理学[M].西安:陕西师范大学出版社,2009

Jerry M.Burger著,陈会昌译.人格心理学[M].北京:中国轻工业出版社,2010

Jean Ford著,李大玲译.青少年情绪管理指南[M].北京:电子工业出版社,2011

Linda Hayward. The First Thanksgiving[M]. Austrilia. Random House.2007

Andreasen, N. C. Creativity and Mental Illness: Prevalence Rates in Writers and Their First-degree Relatives[J]. American Journal of Psychiatry, 1987

Buunk, A. P., Park, J. H. et al.Height Predicts Jealousy Differently for Men and Women [J]. Evolution and Human Behavior; 2008

Buunk, B. P., Hupka, R. B. Cross-Cultural Differences in the Elicitation of Sexual Intimacy [J]. Journal of Sex Research, 1987

Cahill, L.His Brain, Her Brain [J]. Scientific American, vol. 292, issue 5

DeDreu C. K. W., Bass M., Nijstad B. A. Hedonic Tone and Active Level in the Mood-Creative Link: Towards a Dual Pathway to Creativity Model[J]. Journal of Personality and Social Psychology, 2008, 94(5)

Kensinger E A, Garoff-Eaton R J, Schacter D L, Memory for

Specific Visual Details Can be Enhanced by Negative Arousing Content [J]. Journal of Memory and Language, 2006

Ludwig, A. M. The Price of Greatness: Resolving the Creativity and Madness Controversy [M]. New York: Guilford, 1995

Mascolo & Fischer. Developmental Transformations in Appraisals for Pride, Shame and Guilt in Self-Consciousemotions: The Psychology of Shame, Guilt, Embarrassment and Pride[M]. New York, US Guilford Press:1995

Tomkins, Silvan. The Quest for Primary Motives, Biography and Autobiography of an Idea[J]. Journal of Personality and Social Psychology,1981

Tracy J L, Robins R W, Lagattuta K H. Can Children Recognize Pride Emotion[J], 2005

White, G. L. Some Correlates of Romantic Jealousy [J]. Journal of Personality, 1981

何京津.如果你痛苦,请寄存给日记本.http://www.xin/ihua-edu.com/2012/0304/198.html

龙江职业技术学习——情绪 ABC 理论.http://ljvs.sdedu.net/Home/Article/1296

凤凰网科技版——探访最神奇国家:巴布亚新几内亚原始部落.2011 年 8 月 18 日报道. http://tech.ifeng.com/discovery/detail_2011_08/18/8497178_5.shtml